# Meine Luftschiffe

## Die Geschichte meines Lebens

Alberto Santos-Dumont

Writat

Diese Ausgabe erschien im Jahr 2024

ISBN: 9789359946276

Herausgegeben von
Writat
E-Mail: info@writat.com

# Inhalt

# EINFÜHRENDE Fabel:
## Das Denken der Kinder

Zwei junge brasilianische Jungen spazierten im Schatten spazieren und unterhielten sich. Es waren einfache Jugendliche aus dem Landesinneren, die nur die Fülle der primitiven Plantagen kannten, wo die Natur, ungestört durch arbeitssparende Maßnahmen, dem Menschen ihre Früchte zum Preis des Schweißes seines Angesichts bescherte.

Sie hatten keine Ahnung von Maschinen, da sie noch nie einen Wagen oder eine Schubkarre gesehen hatten. Pferde und Ochsen trugen die Lasten des Plantagenlebens auf ihren Rücken, und gelassene indianische Arbeiter schwangen Spaten und Hacke.

Dennoch waren sie nachdenkliche Jungen. In diesem Moment diskutierten sie über Dinge, die über alles hinausgingen, was sie gesehen oder gehört hatten.

„Warum nicht ein besseres Transportmittel erfinden als den Rücken von Pferden und Ochsen?", argumentierte Luis. „Letzten Sommer habe ich Pferde an eine Scheunentür gespannt, sie mit Maissäcken beladen und eine Ladung transportiert, die zehn Pferde nicht einmal auf ihren Rücken hätten tragen können. Allerdings waren sieben Pferde nötig, um die Scheune zu ziehen, und fünf Männer mussten an den Seiten sitzen und die Ladung vor dem Herunterfallen bewahren."

„Was hättest du denn?", antwortete Pedro. „Die Natur verlangt Ausgleich. Man kann nichts erreichen und nichts erreichen."
„Wenn wir Rollen unter die Bremse setzen könnten, wäre weniger Zugkraft nötig."
„Pah! Die eingesparte Kraft würde durch die Mühe des Verschiebens der Walzen aufgebraucht werden."
„Die Rollen könnten an festen Punkten mit Löchern in der Mitte am Zug befestigt werden", grübelte Luis. „Oder warum sollten nicht runde Holzklötze an den vier Ecken des Zuges befestigt werden? ... Schau, Pedro, dort die Straße entlang. Was kommt da? Genau das, was ich mir vorgestellt habe, nur besser! Ein Pferd zieht es in gutem Trab!"
Der erste Wagen, der in diesem Teil des Landesinneren auftauchte, hielt an und sein Fahrer sprach mit den Jungen.

„Diese runden Dinger?", antwortete er auf ihre Fragen. „Man nennt sie Räder."

Pedro akzeptierte seine Erklärung des Prinzips langsam.

„Es muss einen versteckten Defekt in diesem Gerät geben", beharrte er. „Sehen Sie sich um. Nirgendwo verwendet die Natur das Gerät, das Sie Rad nennen. Beobachten Sie den Mechanismus des menschlichen Körpers; beobachten Sie den Körperbau des Pferdes; beobachten Sie …"

„Beobachten Sie, wie Pferd, Mann und Wagen mit seinen Rädern von uns wegrasen", antwortete Luis lachend. „Kannst du nicht vollendeten Tatsachen nachgeben? Du ermüdest mich mit deinen Appellen an die Natur. Hat der Mensch jemals etwas Wertvolles erreicht, außer durch den Kampf gegen die Natur? Wir tun ihr Gewalt an, wenn wir einen Baum fällen! Ich würde weiter gehen als diese Erfindung der Wagen. Stellen Sie sich eine stärkere Antriebskraft vor als dieses Pferd …"

„Befestigen Sie zwei Pferde am Wagen."

„Ich meine eine Maschine", sagte Luis.

„Ein mechanisches Pferd mit kräftigen Eisenbeinen!" schlug Pedro vor.

„Nein, ich hätte einen Motorwagen. Wenn ich eine künstliche Kraft finden könnte, würde ich sie auf einen Punkt am Umfang jedes Rads einwirken lassen. Dann könnte der Wagen seinen eigenen Puller tragen!"

„Du könntest genauso gut versuchen, dich vom Boden zu erheben, indem du an deinen Stiefelriemen ziehst!" lachte Pedro. „Hör zu, Luis. Der Mensch unterliegt bestimmten Naturgesetzen. Das Pferd trägt zwar mehr als sein eigenes Gewicht, aber durch eine Vorrichtung der Natur – seine Beine. Hätten Sie die künstliche Kraft, von der Sie träumen, müssten Sie es tun." Wenden Sie es natürlich an! Es müsste an Stangen angebracht werden, um Ihren Wagen von hinten zu schieben!"

„Ich bleibe dabei, die Kraft auf die Räder auszuüben", beharrte Luis.

„Es liegt in der Natur der Sache, dass man die Macht verlieren würde", sagte Pedro. „Es ist schwieriger, ein Rad von einem Punkt innerhalb seines Umfangs aus anzutreiben, als wenn die Antriebskraft direkt auf diesen Umfang ausgeübt wird, etwa durch Schieben oder Ziehen des Wagens."

„Um die Reibung zu verringern, fuhr ich meinen Triebwagen auf glatten Eisenschienen, dann würde der Kraftverlust durch Geschwindigkeit gewonnen."

„Glatte Eisenschienen!", lachte Pedro. „Die Räder würden darauf rutschen. Man müsste Kerben rundherum anbringen und entsprechende Kerben in die Schienen. Und was würde verhindern, dass der Triebwagen selbst dann von den Schienen rutscht?"

Die Jungen waren zügig gegangen. Jetzt schreckte sie ein kreischendes Geräusch auf. Vor ihnen erstreckte sich in langen Linien eine im Bau befindliche Eisenbahnlinie, und aus den Hügeln kam mit scheinbar enormer Geschwindigkeit ein Bauzug auf sie zu.

„Es ist eine Lawine!“, rief Pedro.

„Es ist genau das, wovon ich geträumt habe!“, sagte Luis.

Der Zug hielt. Eine Gruppe von Arbeitern stieg aus und begann mit der Arbeit am Gleisbett, während der Lokomotivführer die Fragen der Jungen beantwortete und den Mechanismus seiner Maschine erklärte. Die Jungen diskutierten dieses spätere Wunder, während sie sich auf den Heimweg machten.

„Wenn man es an den Fluss anpassen könnte, könnten die Menschen die Herren des Wassers und des Landes werden“, sagte Luis. „Man müsste nur Räder erfinden, die das Wasser greifen können. Befestigt man sie an einem großen Rahmen wie diesem Wagenkasten, könnte die Dampfmaschine ihn über die Oberfläche des Flusses treiben!“

„Jetzt redest du Unsinn“, rief Pedro. „Schwimmt ein Fisch auf der Oberfläche? Im Wasser müssen wir uns wie der Fisch fortbewegen – im Wasser, nicht darüber! Dein Wagenkasten, der mit leichter Luft gefüllt ist, würde bei deiner ersten Bewegung umkippen. Und deine Räder – glaubst du, sie würden etwas so Flüssiges wie Wasser fassen?“

"Was würdest du vorschlagen?"

„Ich würde vorschlagen, dass Ihr Wasserwagen an einem halben Dutzend Stellen gegliedert ist, sodass er sich wie ein Fisch durch das Wasser winden kann. Hören Sie! Ein Fisch navigiert durch das Wasser. Sie möchten durch das Wasser navigieren. Dann studieren Sie den Fisch! Es gibt auch Fische, die Propellerflossen und Schwimmflossen verwenden. Sie könnten also breite Bretter entwickeln, um das Wasser zu berühren, so wie unsere Hände und Füße es beim Schwimmen berühren. Aber reden Sie nicht von Wagenrädern im Wasser!“

Sie befanden sich nun am breiten Fluss. Von Weitem sah man den ersten Dampfer kommen, der ihn befuhr. Die Jungen konnten ihn noch nicht gut erkennen.

„Es ist offensichtlich ein Wal“, sagte Pedro. „Was schwimmt durch das Wasser? Ein Fisch. Was ist das für ein Fisch, den man manchmal mit seinem Körper halb über der Oberfläche schwimmen sieht? Ein Wal. Sieh mal, er spuckt Wasser aus!“

„Das ist kein Wasser, sondern Dampf oder Rauch“, sagte Luis.

„Dann ist es ein toter Wal, und der Dampf ist der Dampf der Verwesung. Deshalb bleibt er so hoch im Wasser – ein toter Wal steigt hoch auf seinem Rücken!"

„Nein", sagte Luis; „Es ist wirklich ein Dampf-Wasser-Wagen."

„Mit Rauch, der vom Feuer kommt, wie von der Lokomotive?"

"Ja."

„Aber das Feuer würde es verbrennen …"

„Der Körper ist zweifellos aus Eisen, wie die Lokomotive."

„Eisen würde sinken. Werfen Sie Ihr Beil in den Fluss und sehen Sie."

Das Dampfschiff kam nahe an die Jungen heran. Zu ihrer Freude rannten sie dorthin und bemerkten auf dem Deck einen alten Freund ihrer Familie, einen benachbarten Pflanzer.

„Kommt, Jungs!" Er sagte: „Und ich werde Ihnen dieses Dampfschiff zeigen."

Nach einer langen Inspektion der Maschinen saßen die beiden Jungen mit ihrem alten Freund auf dem Vordeck im Schatten einer Markise.

„Pedro", sagte Luis, „werden die Menschen nicht eines Tages ein Schiff erfinden, um in den Himmel zu segeln?"

Der vernünftige alte Pflanzer warf einen besorgten Blick auf das vor Begeisterung gerötete Gesicht des Jugendlichen.

„Warst du viel in der Sonne, Luis?" er hat gefragt.

„Oh, er redet immer so flüchtig", beruhigte ihn Pedro. „Er hat Freude daran."

„Nein, mein Junge", sagte der Pflanzer; „Der Mensch wird niemals ein Schiff am Himmel steuern."

„Aber am Johannisabend, wenn wir alle Lagerfeuer machen, schicken wir auch kleine Kugeln aus Seidenpapier mit heißer Luft hinein", betonte Luis. „Wenn wir ein sehr großes Schiff bauen könnten, groß genug, um einen Menschen, ein leichtes Auto und einen Motor zu tragen, könnte dann nicht das gesamte System durch die Luft angetrieben werden, so wie ein Dampfschiff durch das Wasser angetrieben wird?"

„Jungs, redet niemals Unsinn!" rief der alte Freund der Familie hastig aus, als der Kapitän des Bootes näher kam. Es war zu spät. Der Kapitän hatte die Beobachtung des Jungen gehört; Anstatt es als Torheit zu bezeichnen, entschuldigte er ihn.

„Den großen Ballon, den Sie sich vorstellen, gibt es seit 1783", sagte er. „Aber obwohl er einen oder mehrere Menschen tragen kann, lässt er sich nicht steuern – er ist der geringsten Brise ausgeliefert. Schon 1852 unternahm ein französischer Ingenieur namens Giffard einen brillanten Fehlschlag mit einem von ihm so genannten ‚lenkbaren Ballon‘, der mit dem Motor und Propeller ausgestattet war, von dem Luis geträumt hatte. Er demonstrierte lediglich die Unmöglichkeit, einen Ballon durch die Luft zu lenken.“

„Die einzige Möglichkeit wäre, eine Flugmaschine nach dem Vorbild des Vogels zu bauen“, erwiderte Pedro mit Autorität.

„Pedro ist ein sehr vernünftiger Junge“, bemerkte der alte Pflanzer. „Es ist schade, dass Luis ihm nicht ähnlicher und weniger visionär ist. Sag mir, Pedro, wie bist du dazu gekommen, dich für den Vogel und nicht für den Ballon zu entscheiden?“

"Einfach", antwortete Pedro gewandt. "Das ist ganz normal und gesunder Menschenverstand. Fliegt der Mensch? Nein. Fliegt der Vogel? Ja. Wenn der Mensch fliegen will, soll er den Vogel nachahmen. Die Natur hat den Vogel erschaffen, und die Natur macht nie Fehler. Wäre der Vogel mit einem großen Luftsack ausgestattet, hätte ich vielleicht einen Ballon vorgeschlagen."

„Genau!“, riefen Kapitän und Pflanzer gleichermaßen.

Doch Luis, der in seiner Ecke saß, murmelte ebenso wenig überzeugt wie Galilei: „Es wird sich bewegen!“

# KAPITEL I
## DIE KAFFEEPLANTAGE

Nach der Art und Weise, wie die Anhänger der Natur auf mich eingeschlagen haben, könnte ich durchaus der uninformierte und visionäre Luis aus der Fabel sein, denn wurde nicht vorausgesetzt, dass ich meine Experimente begann, ohne Ahnung von Mechanik und Ballonfahren zu haben? Und bevor meine Experimente erfolgreich waren, wurden sie nicht alle für unmöglich erklärt?

Belastet mich die endgültige Verurteilung des vernünftigen Pedro nicht weiterhin?

Nachdem ich mein Schiff nach Belieben durch den Himmel gelenkt habe, wird mir immer noch gesagt, dass fliegende Lebewesen schwerer sind als die Luft. Etwas mehr, und ich würde für die tragischen Unfälle anderer verantwortlich gemacht werden, die nicht über meine Erfahrung in Mechanik und Luftfahrt verfügten.

Im Großen und Ganzen halte ich es daher für das Beste, auf der Kaffeeplantage zu beginnen, auf der ich im Jahr 1873 geboren wurde.

**Plantagenbahn**
## SANTOS-DUMONT KAFFEEPLANTAGE IN BRASILIEN

Die Bewohner Europas betrachten diese brasilianischen Plantagen auf komische Weise als primitive Stationen der grenzenlosen Pampa, so unschuldig an Karren und Schubkarren wie an elektrischem Licht und Telefon. Weit im Landesinneren gibt es solche Stationen. Ich habe sie auf Jagdausflügen gesehen, aber es handelt sich nicht um die Kaffeeplantagen von Sao-Paulo.

Ich kann mir kaum eine anregendere Umgebung für einen Jungen vorstellen, der von mechanischen Erfindungen träumt. Im Alter von sieben Jahren durfte ich unsere damaligen „Lokomobile" fahren – Dampflokomotiven der Felder mit großen breiten Rädern. Im Alter von zwölf Jahren hatte ich mir meinen Platz in den Führerständen der Baldwin-Lokomotiven erobert, die Zugladungen mit grünem Kaffee über die sechzig Meilen unserer Plantagenbahn transportierten. Als mein Vater und meine Brüder gerne Reitausflüge in die nähere Umgebung unternahmen, um zu sehen, ob die

Bäume sauber waren, ob die Ernte einbrachte und ob der Regen Schäden angerichtet hatte, zog ich es vor, zum Werk zu schlüpfen und mit ihnen zu spielen Kaffee-Motoren.

Ich denke, es ist nicht allgemein bekannt, wie wissenschaftlich eine brasilianische Kaffeeplantage betrieben werden kann. Von dem Moment an, in dem ein Eisenbahnzug die grünen Beeren ins Werk gebracht hat, bis zu dem Moment, in dem das fertige und sortierte Produkt auf die Transatlantikschiffe verladen wird, berührt keine menschliche Hand den Kaffee.

Sie wissen, dass die Beeren des schwarzen Kaffees rot sind, wenn sie grün sind. Obwohl es die Aussage verkomplizieren mag, sehen sie aus wie Kirschen. Wagenladungen davon werden in den Zentralwerken entladen und in große Tanks geworfen, wo das Wasser ständig erneuert und gerührt wird. Schlamm, der sich durch den Regen an den Beeren festgesetzt hat, und kleine Steine, die beim Beladen der Autos mit ihnen vermischt wurden, sinken auf den Boden, während die Beeren und die kleinen Stäbchen und Blätterstückchen an der Oberfläche schwimmen und liegen bleiben Der Transport erfolgt aus dem Tank mittels einer geneigten Wanne, deren Boden mit unzähligen kleinen Löchern durchbohrt ist. Durch diese Löcher fällt ein Teil des Wassers mit den Beeren, während die kleinen Stäbchen und Blätterstücke darauf schwimmen.

**DIE WERKE**

## DIE KAFFEEPLANTAGE SANTOS-DUMONT IN BRASILIEN

Die abgefallenen Kaffeebohnen sind nun sauber. Sie sind noch immer rot und sehen etwa so aus wie Kirschen und haben auch so viel Größe. Die rote Außenseite ist eine harte Schale oder *Polpa* . In jeder Schale befinden sich zwei Bohnen, von denen jede mit einer eigenen Schale umhüllt ist. Das Wasser, das mit den Bohnen abgefallen ist, trägt sie zu einer Maschine namens *Despolpador*, die die äußere Schale aufbricht und die Bohnen freigibt. Lange Röhren, sogenannte „Trockner", nehmen nun die noch feuchten Bohnen mit Schale auf. In diesen Trocknern werden die Bohnen ständig in heißer Luft bewegt.

Kaffee ist sehr empfindlich. Er muss mit Vorsicht behandelt werden. Deshalb werden die getrockneten Bohnen mit den Bechern eines Kettenaufzugs in eine Höhe gehoben, von wo sie wegen der Brandgefahr über eine geneigte Rinne in ein anderes Gebäude rutschen. Dies ist das Kaffeemaschinenhaus.

Die erste Maschine ist ein Ventilator, in dem die hin- und hergeschüttelten Siebe so angeordnet sind, dass nur die Kaffeebohnen hindurchpassen. In ihnen geht kein Kaffee verloren und es bleibt auch kein Schmutz zurück, denn ein kleiner Stein oder Stock, der noch mit den Bohnen mitgeführt werden könnte, würde genügen, um die nächste Maschine zu zerstören.

Ein weiterer Aufzug mit endloser Kette befördert die Bohnen auf eine Höhe, von wo sie durch eine geneigte Rinne in diesen *Descascador* oder „Skinner" fallen. Es handelt sich um eine äußerst empfindliche Maschine; wenn die Zwischenräume ein wenig zu groß sind, kommt der Kaffee ohne Enthäutung durch, während sie bei zu kleinen Zwischenräumen zerbrechen.

Ein weiterer Aufzug befördert die geschälten Bohnen mitsamt der Schale zu einem weiteren Ventilator, in dem die Schale weggeblasen wird.

Ein weiterer Aufzug nimmt die jetzt sauberen Bohnen auf und wirft sie in den „Separator", ein großes Kupferrohr mit einem Durchmesser von zwei Metern und einer Länge von etwa sieben Metern, das leicht geneigt ruht. Durch das Trennrohr gleitet der Kaffee. Da es zunächst mit kleinen Löchern versehen ist, fallen die kleineren Bohnen hindurch. Weiter entlang ist es mit größeren Löchern durchbohrt, durch die mittelgroße Bohnen fallen, und noch weiter hinten sind noch größere Löcher für die großen runden Bohnen, die „Moka" genannt werden.

Bei der Maschine handelt es sich um einen Separator, da sie die Bohnen nach Größe in herkömmliche Sorten aufteilt. Jede Sorte fällt in ihren Trichter, unter dem Waagen und Männer mit Kaffeesäcken stehen. Sobald die Säcke das erforderliche Gewicht erreicht haben, werden sie durch leere ersetzt und die zugebundenen und etikettierten Säcke werden nach Europa verschifft.

Als Junge spielte ich mit dieser Maschinerie und den Antriebsmotoren, die ihre Antriebskraft lieferten, und schon bald hatte ich gelernt, wie man Teile davon repariert. Wie ich bereits sagte, handelt es sich um eine empfindliche Maschinerie. Insbesondere die beweglichen Siebe gerieten ständig außer Funktion. Obwohl sie nicht schwer waren, bewegten sie sich mit hoher Geschwindigkeit horizontal hin und her und erforderten eine enorme Antriebskraft. Die Riemen wurden ständig gewechselt, und ich erinnere mich an die vergeblichen Bemühungen von uns allen, die mechanischen Defekte des Geräts zu beheben.

Ist es nicht merkwürdig, dass diese lästigen Siebe die einzigen Maschinen in der Kaffeefabrik waren, die nicht rotierten? Sie rotierten nicht und waren schlecht. Ich glaube, das hat mich als Jungen gegen alle mechanischen *Rührwerke eingestellt* und für die leichter zu handhabende und wartungsfreundlichere Drehbewegung.

Es kann sein, dass der Mensch in einem halben Jahrhundert die Herrschaft über die Luft erlangen wird, und zwar mit Hilfe von Flugmaschinen, die schwerer sind als das Medium, in dem sie sich fortbewegen. Ich sehe dieser Zeit voller Hoffnung entgegen und bin ihr im Augenblick schon weiter entgegengekommen als jeder andere, weil meine eigenen Luftschiffe (die in dieser Hinsicht so viel Vorwurf erhalten haben) etwas schwerer sind als die Luft. Aber ich bin voreingenommen genug, um zu glauben, dass das siegreiche Gerät zu gegebener Zeit nicht Flügelschläge oder ein Ersatzmittel mit aufwühlender Wirkung sein werden.

Ich kann nicht sagen, in welchem Alter ich meine ersten Drachen gebaut habe, aber ich erinnere mich, wie mich meine Kameraden bei unserem Spiel

„Tauben fliegen!" neckten. Alle Kinder versammeln sich um einen Tisch und der Leiter ruft: „Taube fliegt!" „Henne fliegt!" „Krähe fliegt!" „Biene fliegt!" und so weiter, und bei jedem Anruf sollten wir den Finger heben. Manchmal rief er jedoch „Hund fliegt!" „Fuchs fliegt!" oder eine andere Unmöglichkeit, uns zu fangen. Wer einen Finger rührte, musste eine Strafe zahlen. Jetzt zwinkerten mir meine Spielkameraden immer wieder zu und lächelten mir spöttisch zu, als einer von ihnen „Mann fliegt!" rief. denn bei diesem Wort hob ich als Zeichen absoluter Überzeugung stets den Finger sehr hoch und weigerte mich energisch, den Verlust zu begleichen.

Unter den Tausenden von Briefen, die ich nach dem Gewinn des Deutsch-Preises erhielt, gab es einen, der mir besondere Freude bereitete. Ich zitiere aus Neugier daraus:

„… Erinnerst du dich an die Zeit, mein lieber Alberto, als wir zusammen ‚Die Taube fliegt!' spielten? Es fiel mir plötzlich wieder ein, als die Nachricht von deinem Erfolg Rio erreichte.

„Der Mensch fliegt!", alter Junge! Sie hatten Recht, den Finger zu heben, und das haben Sie gerade bewiesen, indem Sie um den Eiffelturm geflogen sind.

„Sie haben richtig gehandelt, indem Sie die Strafe nicht bezahlt haben. Es ist Herr Deutsch, der sie an Ihrer Stelle bezahlt hat. Bravo! Sie haben den Preis von 100.000 Francs wirklich verdient."

„Das alte Spiel wird heute mehr denn je zu Hause gespielt, aber der Name wurde geändert und die Regeln angepasst – seit dem 19. Oktober 1901. Man nennt es jetzt ‚Der Mensch fliegt!' und wer bei diesem Wort nicht den Finger hebt, zahlt seine Strafe. –

Dein Freund,

PEDRO .

Dieser Brief erinnert mich an die glücklichsten Tage meines Lebens, als ich mich darin übte, aus Strohstücken leichte Flugzeuge zu bauen, die von Schraubenpropellern angetrieben wurden, die von Federn aus gedrehtem Gummi angetrieben wurden, oder vergängliche Luftballons aus Seidenpapier. Jedes Jahr am 24. Juni habe ich über den Johannisfeuern, die in Brasilien aus langer Tradition üblich sind, ganze Flotten dieser kleinen Montgolfiers aufgeblasen und voller Ekstase ihren Aufstieg in den Himmel beobachtet.

Ich gestehe, mein Lieblingsautor war damals Jules Verne. Die gesunde Fantasie dieses wirklich großen Schriftstellers, der auf magische Weise mit den unveränderlichen Gesetzen der Materie arbeitet, faszinierte mich seit meiner Kindheit. In seinen kühnen Vorstellungen sah ich, ohne zu zweifeln, die Mechanik und die Wissenschaft der kommenden Zeitalter, in denen der Mensch durch sein bloßes Genie zur Höhe eines Halbgottes aufsteigen sollte.

Mit Kapitän Nemo und seinen schiffbrüchigen Gästen erkundete ich die Tiefen des Meeres in dem ersten Unterseeboot aller Zeiten, der *Nautilus*. Mit Phineas Fogg umrundete ich in 80 Tagen die Welt. In „Screw Island" und „The Steam House" sprang mein kindlicher Glaube hervor, um die endgültigen Triumphe eines Automobilismus zu begrüßen, der damals noch keinen Namen hatte. Mit Hector Servadoc navigierte ich durch die Lüfte.

Ich sah meinen ersten Ballon 1888, als ich etwa fünfzehn Jahre alt war. In der Stadt Sao Paulo gab es eine Messe oder ein Fest irgendeiner Art, und ein Profi führte den Aufstieg durch und ließ sich anschließend mit einem Fallschirm herab. Zu diesem Zeitpunkt war ich mit der Geschichte Montgolfiers und der Ballonbegeisterung bestens vertraut, die nach seinen mutigen und brillanten Experimenten die letzten Jahre des 18. und die ersten Jahre des 19. Jahrhunderts so deutlich kennzeichnete. In meinem Herzen hegte ich eine bewundernde Verehrung für die vier genialen Männer – Montgolfier, den Physiker Charles, Pilâtre de Rozier und den Ingenieur Henry Giffard –, deren Namen für immer mit großen Fortschritten in der Luftfahrt verbunden sind.

Auch ich hatte den Wunsch, Ballonfahren zu gehen. An den langen, sonnenverwöhnten brasilianischen Nachmittagen, wenn das Summen der Insekten, unterbrochen vom fernen Schrei eines Vogels, mich einlullte, lag ich im Schatten der Veranda und blickte in den hellen Himmel Brasiliens, wo die Vögel fliegen so hoch und schweben mit so großer Leichtigkeit auf ihren großen ausgebreiteten Flügeln, wo die Wolken so fröhlich im reinen Tageslicht aufsteigen und man nur den Blick heben muss, um sich in Raum und Freiheit zu verlieben. Während ich über die Erforschung des riesigen Luftmeeres nachdachte, erfand auch ich in meiner Fantasie Luftschiffe und Flugmaschinen.

Diese Vorstellungen behielt ich für mich. Wenn man damals in Brasilien von der Erfindung einer Flugmaschine oder eines Luftballons sprach, hätte man sich selbst als unausgeglichen und visionär abgestempelt. Kugelballonfahrer galten als mutige Profis, die sich nicht wesentlich von Akrobaten unterschieden; und für den Sohn eines Pflanzers wäre es fast eine soziale Sünde gewesen, davon zu träumen, ihnen nachzueifern.

# KAPITEL II
## PARIS – PROFESSIONELLE BALLONFAHRER – AUTOMOBILE

1891 wurde beschlossen, dass unsere Familie eine Reise nach Paris unternehmen sollte, und ich freute mich doppelt über diese Aussicht. Es heißt, alle guten Amerikaner würden nach ihrem Tod nach Paris gehen. Doch für mich, mit der Tendenz meiner Lektüre, verkörperte Frankreich – das Land der Vorfahren meines Vaters und seiner eigenen Ausbildung als Ingenieur an der École Centrale – alles, was mächtig und fortschrittlich ist.

In Frankreich wurde der erste Wasserstoffballon losgelassen und das erste Luftschiff gebaut, das mit Dampfmaschine, Propeller und Ruder durch die Luft navigierte. Natürlich dachte ich mir, dass das Problem deutliche Fortschritte gemacht hatte, seit Henry Giffard 1852 mit einem Mut, der seinem wissenschaftlichen Können ebenbürtig war, seine meisterhafte Demonstration des Problems der Ballonsteuerung vorlegte.

Ich sagte mir: „Ich fahre nach Paris, um die neuen Dinge zu sehen – steuerbare Ballons und Autos!"

**HENRIQUES SANTOS-DUMONT,
VATER VON A. SANTOS-DUMONT UND GRÜNDER DER
KAFFEEPLANTAGEN IN BRASILIEN**

An einem meiner ersten freien Nachmittage machte ich mich daher abseits der Familie auf Erkundungstour. Zu meinem großen Erstaunen erfuhr ich, dass es keine steuerbaren Ballons gab, sondern nur kugelförmige Ballons, wie den von Charles im Jahr 1783! Tatsächlich hatte niemand die von Henry Giffard begonnenen Versuche mit einem länglichen Ballon, der von einem thermischen Motor angetrieben wurde, fortgesetzt. Die 1883 von den Tissandier-Brüdern unternommenen Versuche mit solchen Ballons mit Elektromotor wurden im darauffolgenden Jahr von zwei Konstrukteuren wiederholt, 1885 jedoch endgültig abgebrochen. Jahrelang war kein „zigarrenförmiger" Ballon mehr gesehen worden in der Luft.

Dies brachte mich wieder zurück zum Thema Kugelballonfahren. Im Pariser Stadtverzeichnis hatte ich die Adresse eines Berufsluftfahrers notiert. Ihm erklärte ich meine Wünsche.

„Sie wollen aufsteigen?", fragte er ernst. „Hm! Hm! Sind Sie sicher, dass Sie den Mut dazu haben? Ein Ballonaufstieg ist keine Kleinigkeit, und Sie scheinen zu jung zu sein."

Ich versicherte ihm meine Absicht und meinen Mut. Nach und nach gab er meinen Argumenten nach. Schließlich willigte er ein, mich „auf einen kurzen Aufstieg" mitzunehmen. Es musste ein ruhiger, sonniger Nachmittag sein und nicht länger als zwei Stunden dauern.

„Mein Honorar wird 1200 Francs betragen", fügte er hinzu, „und Sie müssen mir einen Vertrag unterzeichnen, in dem Sie sich für alle Schäden haftbar machen, die wir an Ihrem eigenen Leben und Ihren Körpern und an meinem, am Eigentum Dritter und an der ... verursachen." Darüber hinaus erklären Sie sich damit einverstanden, die Bahngebühren und den Transport für den Ballon und seinen Korb ab dem Punkt, an dem wir auf dem Boden landen, zu bezahlen.

Ich bat um Zeit zum Nachdenken. Für einen 18-jährigen Jugendlichen waren 1200 Franken eine große Summe. Wie könnte ich die Ausgaben gegenüber meinen Eltern rechtfertigen? Dann dachte ich nach:

„Wenn ich 1200 Franken für ein Nachmittagsvergnügen riskiere, werde ich es entweder gut oder schlecht finden. Wenn es schlecht ist, ist das Geld verloren. Wenn es gut ist, werde ich es wiederholen wollen, und ich werde nicht die Mittel dazu haben."

Das hat mich entschieden. Bedauerlicherweise gab ich das Ballonfahren auf und flüchtete mich ins Autofahren.

Im Jahr 1891 waren Automobile in Paris noch eine Seltenheit, und ich musste in die Fabrik nach Valentigny, um meine erste Maschine zu kaufen, einen Peugeot-Roadster mit dreieinhalb PS.

Es war eine Kuriosität. Damals gab es noch keinen Führerschein und keine Chauffeurprüfungen. Wir fuhren mit unseren neuen Erfindungen auf eigene Gefahr und Gefahr durch die Straßen der Hauptstadt. Sie weckten so viel Neugier, dass ich aus Angst, Menschenmassen anzulocken und den Verkehr zu behindern, nicht an öffentlichen Orten wie dem Place de l'Opéra anhalten durfte.

Ich wurde sofort ein begeisterter Autofahrer. Es machte mir Freude, die Teile und ihr richtiges Zusammenwirken zu verstehen; ich lernte, meine Maschine zu pflegen und zu reparieren; und als unsere ganze Familie nach etwa sieben Monaten nach Brasilien zurückkehrte, nahm ich den Peugeot Roadster mit.

Als ich 1892 nach Paris zurückkehrte und mich immer noch von der Ballonidee faszinierte, suchte ich nach einer Reihe anderer professioneller Aeronauten. Wie bei den ersten verlangten alle extravagante Summen, um mich auf die trivialste Art des Aufstiegs mitnehmen zu können. Alle hatten die gleiche Einstellung. Sie machten das Aufsteigen zu einer Gefahr und zu einer Schwierigkeit und erhöhten die Risiken für Leben und Eigentum. Selbst angesichts der hohen Preise, die sie mir in Rechnung stellen wollten, ermutigten sie mich nicht, mit ihnen abzuschließen. Offensichtlich waren sie entschlossen, sich weiterhin als berufliches Mysterium aufzublähen. Deshalb kaufte ich ein neues Auto.

Ich sollte hinzufügen, dass sich dieser Zustand seit der Gründung des Paris Aéro Club wunderbar verändert hat.

Zu dieser Zeit rückten Automobil-Dreiräder in den Vordergrund. Ich entschied mich für eines und freute mich über die Pannenfreiheit. In meiner neuen Begeisterung für diesen Typ war ich der Erste, der Motorrad-Dreiradrennen in Paris einführte. Ich mietete für einen Nachmittag die Radstrecke des Parc des Princes, organisierte das Rennen und verteilte die Preise. Menschen mit „gesundem Menschenverstand" erklärten, dass die Veranstaltung katastrophal enden würde; Sie bewiesen zu ihrer eigenen Zufriedenheit, dass die Dreiräder, wenn sie die kurzen Kurven eines Radwegs durchquerten, umkippen und Schaden nehmen würden. Wenn sie dies nicht täten, würde die Neigung sicherlich dazu führen, dass der Vergaser stoppt oder nicht mehr so gut funktioniert, und das Anhalten des Vergasers in der scharfen Kurve würde die Dreiräder stören. Die Direktoren des Vélodrome nahmen zwar mein Geld an, weigerten sich jedoch, mir die Strecke für einen Sonntagnachmittag zu überlassen, aus Angst vor einem Fiasko! Sie waren enttäuscht, als sich das Rennen als großer Erfolg erwies.

Als ich wieder nach Brasilien zurückkehrte, bereute ich bitter, dass ich bei meinem Versuch, einen Ballonaufstieg zu machen, nicht durchgehalten hatte. In dieser Entfernung, weit entfernt von Ballonfahrtmöglichkeiten, schienen mir selbst die hohen Preise, die die Luftfahrer verlangten, zweitrangig zu sein. Schließlich stieß ich eines Tages im Jahr 1897 in einer Buchhandlung in Rio, als ich Lesematerial für eine neue Reise nach Paris kaufte, auf einen Band von MM. Lachambre und Machuron, „Andrée – Au Pôle Nord en Ballon."

Die Lektüre dieses Buches während der langen Seereise war für mich eine Offenbarung, und ich studierte es abschließend wie ein Lehrbuch. Die Beschreibung der Materialien und Preise öffnete mir die Augen. Endlich sah ich klar. Der riesige Ballon von Andrée – eine Reproduktion des Fotos auf dem Buchcover zeigte, wie diejenigen, die ihm den letzten Anstrich gaben, wie ein Berg an seinen Seiten und über seinen Gipfel kletterten – kostete nur 40.000 Franken, um ihn vollständig zu bauen und auszustatten!

Ich beschloss, dass ich nach meiner Ankunft in Paris aufhören würde, professionelle Aeronauten zu konsultieren, und stattdessen Bekanntschaft mit Konstrukteuren machen würde.

Besonders gespannt war ich darauf, M. Lachambre, den Erbauer des Andrée-Ballons, und M. Machuron, seinen Mitarbeiter und Autor des Buches, kennenzulernen. Ich muss ehrlich sagen, dass ich bei diesen Männern alles gefunden habe, was ich mir erhofft hatte. Als ich Herrn Lachambre fragte, wie viel es mich kosten würde, eine kurze Reise in einem seiner Ballons zu unternehmen, überraschte mich seine Antwort so sehr, dass ich ihn bat, sie zu wiederholen.

„Für eine lange Reise von drei bis vier Stunden", sagte er, „kostet es 250 Franken, alle Kosten und die Rückfahrt des Ballons mit der Bahn inbegriffen."

„Und die Schäden?" Ich fragte.

„Wir werden keinen Schaden anrichten!" antwortete er lachend.

Ich schloss sofort mit ihm ab, und M. Machuron erklärte sich bereit, mich am nächsten Tag mitzunehmen.

# KAPITEL III
## MEIN ERSTER BALLONAUFSTIEG

Ich habe die wunderbaren Eindrücke, die ich bei meinem ersten Flug empfand, noch in bester Erinnerung. Ich kam früh im Parc d'Aerostation von Vaugirard an, um nichts von den Vorbereitungen zu verpassen.

Der Ballon mit einem Fassungsvermögen von 750 Kubikmetern lag flach auf dem Gras. Auf ein Zeichen von Monsieur Lachambre drehten die Arbeiter das Gas auf, und bald formte sich das formlose Ding zu einer großen Kugel und erhob sich in die Luft.

Um 11 UHR war alles bereit. Der Korb schaukelte hübsch unter dem Ballon, den eine milde, frische Brise streichelte. Ungeduldig, loszufliegen, stand ich mit einem Sack Ballast in der Hand in meiner Ecke des schmalen Weidenkorbs. In der anderen Ecke gab M. Machuron das Wort: „Alles loslassen!"

Plötzlich hörte der Wind auf. Die Luft um uns herum schien bewegungslos zu sein. Wir machten uns auf den Weg, mit der Geschwindigkeit der Luftströmung, in der wir jetzt lebten und uns bewegten. Tatsächlich gab es für uns keinen Wind mehr; und das ist die erste große Tatsache aller kugelförmigen Ballonfahrten. Unendlich sanft ist diese unfühlbare Bewegung nach vorne und oben. Die Illusion ist vollständig: Es scheint nicht der Ballon zu sein, der sich bewegt, sondern die Erde, die absinkt und davonfliegt.

Auf dem Grund des Abgrunds, der sich bereits 1500 Yards unter uns öffnete, erscheint die Erde nicht mehr rund wie eine Kugel, sondern konkav wie eine Schüssel, und zwar aufgrund eines eigentümlichen Brechungsphänomens, dessen Wirkung darin besteht, den Kreis für die Augen des Aeronauten ständig nach oben zu heben des Horizonts.

Dörfer und Wälder, Wiesen und Schlösser ziehen durch die bewegte Szene, aus der das Pfeifen der Lokomotiven scharfe Töne hervorbringt. Diese schwachen, durchdringenden Töne sind zusammen mit dem Kläffen und Bellen der Hunde die einzigen Geräusche, die einen durch die Tiefen der oberen Luft erreichen. Die menschliche Stimme kann nicht in diese grenzenlose Einsamkeit aufsteigen. Die Menschen sehen wie Ameisen entlang der weißen Linien der Autobahnen aus, und die Häuserreihen sehen aus wie Kinderspielzeug.

Während mein Blick noch immer fasziniert auf die Szene gerichtet war, zog eine Wolke vor der Sonne vorbei. Ihr Schatten kühlte das Gas im Ballon, der sich runzelte und zu sinken begann, zuerst sanft, dann mit beschleunigter Geschwindigkeit, gegen die wir ankämpften, indem wir Ballast abwarfen.

Dies ist die zweite große Tatsache des Kugelballonfahrens – wir sind Meister unserer Höhe durch den Besitz von ein paar Pfund Sand!

Als wir über einem Wolkenplateau in etwa 3000 Metern Höhe unser Gleichgewicht wiedererlangten, genossen wir einen wunderbaren Anblick. Die Sonne warf den Schatten des Ballons auf diesen blendend weißen Bildschirm, während unsere eigenen Profile, auf Riesengröße vergrößert, in der Mitte eines dreifachen Regenbogens erschienen! Da wir die Erde nicht mehr sehen konnten, hörte jedes Gefühl der Bewegung auf. Wir könnten mit Sturmgeschwindigkeit unterwegs sein und es nicht wissen. Wir konnten nicht einmal wissen, in welche Richtung wir gingen, außer indem wir unter die Wolken hinabstiegen, um uns wieder zu orientieren.

Ein freudiges Glockengeläut erklang zu uns. Es war der Mittagsangelus, der von einem Dorfglockenturm aus läutete. Ich hatte ein reichhaltiges Mittagessen mitgebracht, das aus hartgekochten Eiern, kaltem Roastbeef und Hühnchen, Käse, Eis, Obst und Kuchen, Champagner, Kaffee und Chartreuse bestand. Nichts ist köstlicher, als so über den Wolken in einem kugelförmigen Ballon zu Mittag zu essen. Kein Esszimmer kann so wunderbar dekoriert sein. Die Sonne versetzt die Wolken in Aufruhr und lässt sie Regenbogenstrahlen aus gefrorenem Dampf wie große Feuerwerksbündel rund um den Tisch aufwirbeln. Hübsche weiße Flitter der zartesten Eisformationen verstreuen sich wie von Zauberhand hier und da; während sich von Augenblick zu Augenblick Schneeflocken aus dem Nichts unter unseren Augen und in unseren Trinkgläsern bilden.

Ich trank gerade mein Gläschen Likör aus, als plötzlich der Vorhang fiel und diese wunderbare Bühnenkulisse aus Sonnenlicht, Wolken und Azurblau erschien. Das Barometer stieg rasch um 5 Millimeter und zeigte damit einen plötzlichen Gleichgewichtsbruch und einen raschen Sinkflug an. Wahrscheinlich war der Ballon mit mehreren Pfund Schnee beladen und fiel in eine Wolke.

Wir gelangten in die Halbdunkelheit des Nebels. Wir konnten noch unseren Korb, unsere Instrumente und die Teile der Takelage sehen, die uns am nächsten waren, aber das Netz, das uns am Ballon hielt, war nur bis zu einer gewissen Höhe sichtbar, und der Ballon selbst war völlig verschwunden. So hatten wir für einen Moment das seltsame und wunderbare Gefühl, ohne Halt im Nichts zu hängen, unser letztes Gramm Gewicht in einem Schwebezustand des Nichts verloren zu haben, düster und bedeutungsvoll.

Nach einigen Minuten Fall, der durch das Abwerfen von weiterem Ballast gemildert wurde, befanden wir uns unter den Wolken, etwa 300 Meter über dem Boden. Unter uns entschwand ein Dorf. Wir orientierten uns mit dem Kompass und verglichen unsere Routenkarte mit der riesigen Naturkarte, die sich unter uns ausbreitete. Bald konnten wir Straßen, Eisenbahnen, Dörfer und Wälder erkennen, die alle mit der Geschwindigkeit des Windes vom Horizont auf uns zurasten.

Der Sturm, der uns nach unten getrieben hatte, markierte einen Wetterwechsel. Jetzt begannen kleine Böen den Ballon von rechts nach links, auf und ab zu schieben. Von Zeit zu Zeit berührte das Führungsseil – ein dickes Seil, das 100 Meter unter unserem Korb baumelte – den Boden, und bald begann auch der Korb die Baumwipfel zu streifen.

So begann für mich das sogenannte „Guide-Roping" unter besonders lehrreichen Bedingungen. Wir hatten einen Sack Ballast zur Hand, und wenn sich uns ein besonderes Hindernis in den Weg stellte, wie ein Baum oder ein Haus, warfen wir ein paar Handvoll Sand hinaus, um hochzuspringen und darüber hinwegzukommen. Mehr als 50 Yards des Führungsseils schleiften hinter uns am Boden her; und das war mehr als genug, um unser Gleichgewicht unter der Höhe von 100 Yards zu halten, über die wir für den Rest der Reise nicht hinauszusteigen beschlossen.

Diese Erstbesteigung ermöglichte es mir, den Nutzen dieses einfachen Teils der kugelförmigen Ballonausrüstung voll und ganz zu schätzen, ohne den seine Landung normalerweise große Schwierigkeiten bereiten würde. Wenn aus dem einen oder anderen Grund – Feuchtigkeit, die sich auf der Oberfläche des Ballons sammelte, ein abwärts gerichteter Windstoß, ein versehentlicher Gasverlust oder, was noch häufiger vorkommt, das Vorüberziehen einer Wolke vor der Sonne –, kehrte der Ballon zurück Wenn das Führungsseil mit beunruhigender Geschwindigkeit auf die Erde rutschte, blieb es teilweise auf dem Boden liegen und entlastete so das gesamte System um einen Großteil seines Gewichts, wodurch der Sturz gestoppt oder zumindest gemildert wurde. Unter ungünstigen Bedingungen wurde jede zu schnelle Aufwärtstendenz des Ballons durch das Abheben des Führungsseils vom Boden ausgeglichen, so dass etwas mehr von seinem Gewicht zum Gewicht des schwebenden Systems vom Moment zuvor hinzukam.

Wie alle menschlichen Hilfsmittel hat das Führungsseil jedoch neben seinen Vorteilen auch Nachteile. Sein Reiben entlang der unebenen Oberflächen des Bodens – über Felder und Wiesen, Hügel und Täler, Straßen und Häuser, Hecken und Telegrafendrähte – versetzt den Ballon in heftige Erschütterungen. Oder es kann vorkommen, dass das Führungsseil, das sich schnell aus dem Gewirr löst, in dem es sich verdreht hat, an einer Unebenheit der Oberfläche hängen bleibt oder sich um den Stamm oder die Äste eines Baumes windet. Ein solcher Vorfall allein reichte nicht aus, um meinen Unterricht zu vervollständigen.

Als wir an einer kleinen Baumgruppe vorbeikamen, warf uns ein noch nie dagewesener Stoß im Korb nach hinten. Der Ballon war abrupt stehen geblieben und schwankte in den Windböen am Ende seines Führungsseils, das sich um die Spitze einer Eiche gewickelt hatte. Eine Viertelstunde lang ließ er uns wie einen Salatkorb zittern, und nur durch das Abwerfen einer Ballastmenge konnten wir uns endlich losreißen. Der erleichterte Ballon machte einen gewaltigen Sprung nach oben und durchbohrte die Wolken wie eine Kanonenkugel. Tatsächlich drohte er gefährliche Höhen zu erreichen, wenn man den wenigen Ballast bedenkt, den wir noch für den Abstieg übrig hatten. Es war Zeit, zu wirksamen Mitteln zu greifen, das Manöverventil zu öffnen und einen Teil unseres Gases abzulassen.

Es war die Arbeit eines Augenblicks. Der Ballon begann wieder auf die Erde abzusinken und schon bald lag das Führungsseil wieder auf dem Boden. Es blieb uns nichts anderes übrig, als die Reise zu beenden, da uns nur noch ein paar Handvoll Sand übrig blieben.

Wer ein Luftschiff steuern möchte, sollte zunächst einige Landungen in einem kugelförmigen Ballon üben – das heißt, wenn er landen möchte, ohne Ballon, Kiel, Motor, Ruder, Propeller, Wasserballastzylinder und Treibstoffbehälter zu beschädigen. Da der Wind ziemlich stark war, musste für dieses letzte Manöver ein Unterschlupf gesucht werden. Am Ende der Ebene eilte ein Waldstück von Fontainebleau auf uns zu. In wenigen Augenblicken hatten wir das Ende des Holzes umgedreht und unsere letzte Handvoll Ballast geopfert. Die Bäume schützten uns nun vor der Gewalt des Windes, und wir warfen den Anker und öffneten gleichzeitig das Notventil weit, damit das Gas vollständig entweichen konnte.

Nach diesem doppelten Manöver landeten wir ohne das geringste Ziehen. Wir setzten unseren Fuß auf festen Boden und sahen zu, wie der Ballon starb. Er lag ausgestreckt auf dem Feld und verlor in krampfhaften Bewegungen die Reste seines Gases, wie ein großer Vogel, der beim Flügelschlagen stirbt.

Nachdem wir ein Dutzend Sofortbilder des sterbenden Ballons gemacht hatten, falteten wir ihn zusammen und packten ihn in den Korb, wobei wir das Netz zusammenfalteten. Die kleine Ecke, in der wir gelandet waren, gehörte zum Gelände des Chateau de la Ferrière, das M. Alphonse de Rothschild gehörte. Arbeiter von einem benachbarten Feld wurden losgeschickt, um ein Transportmittel in das Dorf La Ferrière selbst zu besorgen, und eine halbe Stunde später kam eine Bremse. Wir packten alles hinein und machten uns auf den Weg zum Bahnhof, der etwa 4 Kilometer (2½ Meilen) entfernt war. Dort hatten wir einige Mühe, den Korb mit seinem Inhalt auf den Boden zu heben, da er 200 Kilogramm (440 Pfund) wog. Um 6.30 Uhr waren wir nach einer Reise von 100 Kilometern (mehr als 60 Meilen) und fast zwei Stunden in der Luft wieder in Paris.

# KAPITEL IV
## MEIN „BRASILIEN" – DER KLEINSTE KUGELBALLON

Das Ballonfahren gefiel mir so gut, dass ich ihm, als ich von meiner ersten Reise mit M. Machuron zurückkam, sagte, dass ich mir einen Ballon bauen lassen wollte. Die Idee gefiel ihm. Er meinte, ich wollte einen normalgroßen kugelförmigen Ballon mit einem Volumen zwischen 500 und 2000 Kubikmetern. Niemand würde auf die Idee kommen, eins kleiner zu machen.

Es ist erst vor kurzem her, aber es ist merkwürdig, wie die Konstrukteure immer noch an schweren Materialien festhielten. Der kleinste Ballonkorb musste 30 Kilogramm wiegen. Nichts war leicht – weder Hülle, Takelage noch Zubehör.

Ich habe Herrn Machuron meine Ideen mitgeteilt. Er schrie dagegen auf, als ich ihm sagte, ich wolle einen Ballon aus der leichtesten und widerstandsfähigsten japanischen Seide mit einem Volumen von 100 Kubikmetern (ungefähr 3500 Kubikfuß). Auf der Baustelle versuchten er und M. Lachambre mir zu beweisen, dass die Sache unmöglich sei.

**„DAS BRASILIEN" –
DER KLEINSTE KUGELBALLON**

Wie oft hat sich für mich alles als unmöglich erwiesen! Jetzt, da ich mich daran gewöhnt habe, erwarte ich es. Aber damals machte es mir Sorgen. Trotzdem habe ich durchgehalten.

Sie zeigten mir, dass ein Ballon ein bestimmtes Gewicht haben muss, um „Stabilität" zu haben. Auch hier würde ein Ballon von 100 Kubikmetern durch die Bewegungen des Aeronauten in seinem Korb viel stärker beeinflusst werden als ein großer Ballon mit regulärer Größe.

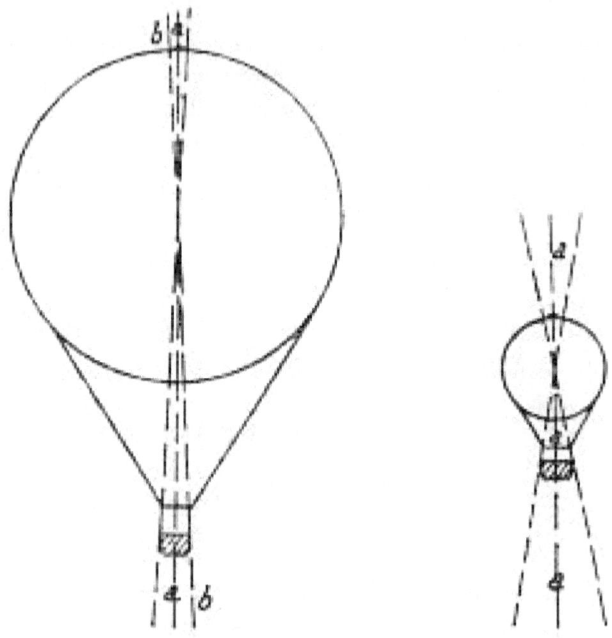

**Abb. 1. Abb. 2.**

Bei einem großen Ballon liegt der Schwerpunkt im Gewicht des Aeronauten wie in Abb. 1 bei *a* . Wenn sich der Aeronaut beispielsweise in seinem Korb nach rechts bewegt, Abb. 1, *b* , verschiebt sich der Schwerpunkt des gesamten Systems nicht nennenswert.

In einem sehr kleinen Ballon bleibt der Schwerpunkt (Abb. 2, *a* ) nur so lange ungestört, wie der Aeronaut gerade in der Mitte seines Korbes sitzt. Wenn er sich nach rechts bewegt, verschiebt sich der Schwerpunkt (Abb. 2, *b* ) über die vertikale Linie des Ballonumfangs hinaus, wodurch der Ballon in die gleiche Richtung schwingt.

Daher, so sagten sie, würden die notwendigen Bewegungen im Korb dazu führen, dass Ihr kleiner Ballon ständig rollt und schwingt.

„Wir werden die Aufhängevorrichtung entsprechend verlängern", antwortete ich. Das geschah, und die „Brazil" erwies sich als bemerkenswert stabil.

Als ich Monsieur Lachambre meine leichte japanische Seide brachte, schaute er sie an und sagte: „Sie wird zu schwach sein." Aber als wir es mit dem Dynamometer versuchten, waren wir überrascht. Auf diese Weise getestet, hält chinesische Seide einer Belastung von über 1000 Kilogramm (oder 2200 Pfund) pro laufendem Meter (3,3 Fuß) stand. Die dünne japanische Seide hielt einer Belastung von 700 Kilogramm (1540 Pfund) stand – das heißt, sie erwies sich nach der Dehnungstheorie als dreißigmal stärker als nötig. Das ist erstaunlich, wenn man bedenkt, dass es nur 30 Gramm (etwas mehr als eine Unze) pro Quadratmeter wiegt. Um zu zeigen, wie sich Experten in ihren bloß beiläufigen Urteilen irren können, habe ich meine Luftschiffballons aus demselben Material gebaut; Dennoch ist der Innendruck, dem sie standhalten müssen, enorm, während alle kugelförmigen Ballons ein großes Loch im Boden haben, um ihn zu entlasten.

Da die schließlich für die „Brasilien" angenommenen Proportionen 113 Kubikmeter (4104 Kubikfuß) betrugen, was etwa 113 Quadratmetern (135 Quadratyards) Seidenoberfläche entsprach, wog die gesamte Hülle kaum 3½" Kilogramm (weniger als 8 Pfund). Aber das Gewicht des Lacks, drei Schichten, brachte es auf 14 Kilogramm (ungefähr 31 Pfund). Das Netz wog oft mehrere Hundert Pfund, oder fast 4 Pfund wiegt normalerweise mindestens 30 Kilogramm, wog der Korb, den ich jetzt mit meinem kleinen „Nr. 9" wiegt weniger als 5 Kilogramm (11 lbs.). Mein Führungsseil, klein, aber sehr lang – 100 Yards – wog höchstens 8 Kilogramm (17½" lbs.); Seine Länge bescherte der „Brasilien" eine gute Federung. Anstelle eines Ankers habe ich einen kleinen Enterhaken von 3 Kilogramm (6½" lbs.) eingebaut.

Indem ich auf diese Weise alles leicht machte, stellte ich fest, dass der Ballon trotz seiner geringen Größe die nötige Auftriebskraft hatte, um mein eigenes Gewicht von 50 Kilogramm (110 Pfund) und 30 Kilogramm (66 Pfund) Ballast aufzunehmen. Tatsächlich nahm ich diese Menge bei meiner ersten Reise mit. Bei einer anderen Gelegenheit, als ein französischer Kabinettsminister anwesend war, der den kleinsten kugelförmigen Ballon sehen wollte, der je gebaut wurde, hatte ich praktisch überhaupt keinen Ballast, nur 4 oder 5 Kilogramm (10 oder 11 Pfund). Trotzdem ließ ich den Ballon wiegen, stieg auf und machte einen guten Aufstieg.

Die „Brazil" war in der Luft sehr handlich und leicht zu steuern. Auch beim Sinkflug ließ sie sich leicht packen, und die Geschichte, dass ich sie in einem Reisekoffer transportierte, stimmt.

Bevor ich mit meinem kleinen „Brazil" losfuhr, machte ich 25 bis 30 Aufstiege in gewöhnlichen Kugelballons, ganz allein, als mein eigener Kapitän und einziger Passagier. M. Lachambre hatte viele öffentliche Aufstiege und erlaubte mir, einige davon für ihn durchzuführen. So machte ich Aufstiege in vielen Teilen Frankreichs und Belgiens. Da ich das Vergnügen und die Erfahrung hatte, ihm die Arbeit ersparte und alle meine eigenen Ausgaben und Schäden bezahlte, war es ein für beide Seiten vorteilhaftes Abkommen.

Ich glaube nicht, dass ein Mann ohne solche Vorstudien und Erfahrungen mit einem kugelförmigen Ballon in der Lage sein wird, mit einem länglichen Luftballon, dessen Handhabung so viel heikler ist, Erfolg zu haben. Bevor man versucht, ein Luftschiff zu steuern, ist es notwendig, in einem gewöhnlichen Ballon die Bedingungen des atmosphärischen Mediums kennengelernt zu haben, sich mit den Launen des Windes vertraut gemacht zu haben und sich eingehend mit den Schwierigkeiten des Ballastproblems befasst zu haben dreifacher Gesichtspunkt des Starts, des Gleichgewichts in der Luft und der Landung am Ende der Reise.

Mindestens ein Dutzend Mal Kapitän eines gewöhnlichen Ballons gewesen zu sein, scheint mir eine unabdingbare Voraussetzung dafür zu sein, eine genaue Vorstellung von den Anforderungen für den Bau und die Handhabung eines länglichen Ballons mit Motor und Propeller zu erlangen.

Natürlich bin ich erstaunt, wenn ich sehe, wie Erfinder, die noch nie einen Fuß in den Korb gesetzt haben, phantastische Luftschiffe auf Papier entwerfen und sogar ganz oder teilweise ausführen, deren Ballons Tausende von Kubikmetern Fassungsvermögen haben, die mit riesigen Motoren beladen sind, die sie nicht vom Boden heben können, und die mit einer so komplizierten Maschinerie ausgestattet sind, dass nichts funktioniert! Solche Erfinder haben vor nichts Angst, weil sie keine Ahnung von den Schwierigkeiten des Problems haben. Wären sie zuvor nach dem Willen des Windes und inmitten aller störenden Einflüsse atmosphärischer Phänomene durch die Luft gereist, würden sie verstehen, dass ein lenkbarer Ballon, um praktisch zu sein, vor allem die äußerste Einfachheit in seiner gesamten Mechanik aufweisen muss.

Einige der unglücklichen Konstrukteure, die den Verlust ihrer Unbesonnenheit mit ihrem Leben bezahlt haben, hatten als Kapitän eines Kugelballons noch nie einen einzigen verantwortungsvollen Aufstieg geschafft! Und die Mehrheit ihrer Nachahmer, die jetzt so hingebungsvoll arbeiten, sind in der gleichen unerfahrenen Verfassung. Das ist meine Erklärung für ihren mangelnden Erfolg. Sie befinden sich in der Lage, in der sich der Erstankömmling befinden würde, wenn er sich bereit erklären

würde, ein Transatlantikschiff zu bauen und zu steuern, ohne jemals das
Land verlassen oder ein Boot betreten zu haben!

# KAPITEL V
## DIE REALEN UND DIE IMAGINÄREN GEFAHREN DES BALLONFAHRTENS

Eines der erstaunlichsten Abenteuer, das ich während dieser Zeit des Kugelballonfahrens erlebte, fand direkt über Paris statt.

Ich war von Vaugirard aus mit vier geladenen Gästen in einem großen Ballon gestartet, der für mich gebaut worden war, nachdem ich es satt hatte, einsame Reisen im kleinen „Brasilien" zu unternehmen.

Von Anfang an schien es sehr wenig Wind zu geben. Ich erhob mich langsam und suchte nach einer Luftströmung. Auf 1000 Metern (3/5 Meile Höhe) habe ich nichts gefunden. Auf 1500 Metern (einer Meile) blieben wir immer noch fast stationär. Indem wir weiteren Ballast auswarfen, stiegen wir auf 2000 Meter (1¼ Meile), als eine flüchtige Brise begann, uns über das Zentrum von Paris zu tragen.

Als wir an einem Punkt über dem Louvre angekommen waren, verließ er uns! Wir sind hinabgestiegen ... und haben nichts gefunden!

Dann passierte das Lächerliche. In einem blauen Himmel ohne Wolken, in Sonnenlicht getaucht und mit dem leisen Jaulen aller Hunde von Paris an unseren Ohren, lagen wir wie betäubt! Wir gingen wieder hinauf und jagten einer Luftströmung nach. Wir gingen wieder hinunter und jagten einer Luftströmung nach. Auf und ab, auf und ab! Stunde um Stunde verging, und wir blieben immer hängen, immer über Paris!

Zuerst haben wir gelacht. Dann wurden wir müde. Dann fast alarmiert. Einmal hatte ich sogar die Idee, in Paris selbst zu landen, in der Nähe des Gare de Lyon, wo ich einen offenen Raum wahrnahm. Doch der Versuch wäre gefährlich gewesen, denn auf die Coolness meiner vier Begleiter war im Notfall nicht zu vertrauen. Sie hatten nicht die Angewohnheit, Ballons zu fahren.

Das Schlimmste war, dass wir jetzt Benzin verloren. Stunde um Stunde langsam ostwärts treibend, waren die Säcke mit Ballast einer nach dem anderen geleert worden. Als wir den Vincennes-Wald erreichten, hatten wir begonnen, verschiedene Gegenstände wegzuwerfen – Ballastsäcke, die Lunchkörbe, zwei leichte Campinghocker, zwei Kodaks und eine Kiste mit Fotoplatten!

Während dieser letzten Zeit waren wir ziemlich niedrig – nicht mehr als 300 Yards über den Baumwipfeln. Als wir nun tiefer sanken, bekamen wir einen wahren Schrecken. Würde sich das Führungsseil nicht zumindest um einen Baum schlingen und uns dort stundenlang festhalten? So kämpften wir darum, unsere Höhe über den Baumwipfeln zu halten, bis uns plötzlich eine seltsame kleine Windböe über die Rennbahn von Vincennes hinwegfegte.

„Jetzt ist unsere Zeit!" rief ich meinen Gefährten zu. "Festhalten!"

Damit zog ich am Ventilseil und wir kamen schnell, aber kaum erschüttert, herunter.

Ich persönlich habe in einem kugelförmigen Ballon nicht nur Angst, sondern auch Schmerz und echte Verzweiflung gespürt. Das ist nicht oft der Fall gewesen, denn keine Sportart ist regelmäßiger sicherer, milder und angenehmer. Solche wirklichen Gefahren beschränken sich normalerweise auf die Landung, und der erfahrene Ballonfahrer weiß ihnen zu begegnen; Dabei ist man vor seinen eingebildeten Gefahren in der Luft regelmäßig sehr sicher. Deshalb war das besondere Abenteuer voller Schmerz und Angst, an das ich mich erinnere, umso bemerkenswerter, als es in großer Höhe stattfand.

Es geschah in Nizza im Jahr 1900, als ich allein in einem großen Kugelballon vom Place Masséna aufstieg und nur ein paar Stunden inmitten der bezaubernden Landschaft der Berge und des Meeres treiben wollte.

Das Wetter war schön, aber das Barometer fiel bald und deutete auf Sturm hin. Eine Zeit lang trug mich der Wind in Richtung Cimiez, aber als ich mich erhob, drohte er, mich aufs Meer hinauszutragen. Ich warf Ballast ab, verließ die Strömung und stieg auf eine Höhe von etwa einer Meile.

Kurz darauf ließ ich den Ballon wieder sinken, in der Hoffnung, einen sicheren Luftstrom zu finden, aber als ich mich nur noch 300 Yards vom Boden entfernte, in der Nähe des Var, bemerkte ich, dass ich mit dem Sinken aufgehört hatte. Da ich ohnehin fest entschlossen war, bald zu landen, zog ich am Ventilseil und ließ mehr Gas ab. Und hier begann das schreckliche Erlebnis.

Ich konnte nicht hinuntergehen. Ich warf einen Blick auf das Barometer und stellte tatsächlich fest, dass ich im Steigen war. Dennoch sollte ich absteigen, und ich hatte – durch den Wind und alles andere – das Gefühl, dass ich absteigen musste. Hatte ich nicht Gas abgelassen?

Zu meinem großen Unbehagen entdeckte ich nur zu schnell, was los war. Trotz meines kontinuierlichen scheinbaren Abstiegs wurde ich dennoch von einer riesigen Luftsäule hochgehoben, die nach oben strömte. Während ich hineinfiel, stieg ich damit schnell höher.

Ich öffnete das Ventil erneut; es war nutzlos. Das Barometer zeigte an, dass ich eine noch größere Höhe erreicht hatte, und ich konnte dies nun daran erkennen, wie das Land unter mir verschwand. Ich habe jetzt das Ventil geschlossen, um Benzin zu sparen. Es blieb uns nichts anderes übrig, als abzuwarten und zu sehen, was passieren würde.

Die nach oben strömende Luftsäule trug mich weiter auf eine Höhe von 3000 Metern (fast 2 Meilen). Ich konnte nichts anderes tun, als auf das Barometer zu schauen. Dann, nach scheinbar langer Zeit, zeigte sich, dass ich mit dem Abstieg begonnen hatte.

Als ich anfing, Land zu sehen, warf ich Ballast aus, um nicht zu schnell auf die Erde zu treffen. Jetzt konnte ich den Sturm wahrnehmen, der gegen die Bäume und Büsche schlug. Oben im Sturm selbst hatte ich nichts gespürt.

Auch jetzt, als ich immer tiefer sank, konnte ich sehen, wie schnell ich seitlich getragen wurde. Als ich die drohende Gefahr erkannte, befand ich mich bereits in ihr. Mit rasender Geschwindigkeit dahingetrieben, gegen Baumwipfel stoßend und ständig mit einem qualvollen Tod bedroht, warf ich meinen Anker aus. Es verfing sich in Bäumen und Sträuchern und löste sich. Wäre es schweres Holz gewesen, wäre für mich alles vorbei gewesen. Zufälligerweise wurde ich durch die kleinen Bäume und das nachgebende Gebüsch geschleift, mein Gesicht war voller Schnittwunden und Prellungen, meine Kleidung war mir vom Rücken gerissen, ich hatte Schmerzen und Anstrengung, fürchtete das Schlimmste und konnte nichts tun, um mich zu retten. Gerade als ich mich verloren hatte, wickelte sich das Führungsseil um einen Baum und hielt. Ich wurde aus dem Korb geschleudert und verlor das Bewusstsein. Als ich zu mir kam, musste ich ein Stück laufen, bis ich ein paar Bauern traf. Sie halfen mir zurück nach Nizza, wo ich zu Bett ging, und ließen mich von den Ärzten nähen.

In der Anfangszeit, als ich für meinen Ballonkonstrukteur gerne öffentliche Aufstiege machte, hatte ich ein etwas ähnliches Erlebnis erlebt, und das bei Nacht. Der Aufstieg fand an einem stürmischen Nachmittag ziemlich spät in Péronne im Norden Frankreichs statt. Tatsächlich startete ich trotz des in der Ferne drohenden Donners, einer düsteren Halbdämmerung um mich herum und der Proteste des Publikums, von dem bekannt war, dass ich kein Luftschiffer von Beruf war. Sie fürchteten meine Unerfahrenheit und verlangten von mir, entweder auf den Aufstieg zu verzichten oder mich zu verpflichten, den Ballonbauer mitzunehmen, da er der verantwortliche Organisator des *Festes sei* .

Ich hörte nichts und fing an, wie ich es geplant hatte. Bald hatte ich Grund, meine Unbesonnenheit zu bereuen. Ich war allein, verloren in den Wolken, inmitten von Blitzen und Donnerschlägen, in der schnell herannahenden Dunkelheit der Nacht!

Immer weiter raste ich in der Dunkelheit herum. Ich wusste, dass ich mit großer Geschwindigkeit fahren musste, spürte aber keine Bewegung. Ich habe den Sturm gehört und gespürt. Ich war Teil des Sturms. Ich fühlte mich in großer Gefahr, doch die Gefahr war nicht greifbar. Damit einher ging eine große Freude. Was soll ich sagen? Wie soll ich es beschreiben? Dort oben in der schwarzen Einsamkeit, inmitten der Blitze und Donnerschläge, war ich Teil des Sturms.

Als ich am nächsten Morgen landete – lange nachdem ich eine größere Höhe gesucht und den Sturm unter mir vorbeiziehen ließ – stellte ich fest, dass ich weit in Belgien war. Die Morgendämmerung war friedlich, so dass meine Landung ohne Schwierigkeiten verlief. Ich erwähne dieses Abenteuer, weil in den damaligen Zeitungen darüber berichtet wurde und um zu zeigen, dass nächtliche Ballonfahrten, selbst bei einem Sturm, scheinbar gefährlicher sein können als die Realität. Tatsächlich hat das Ballonfahren bei Nacht einen ganz eigenen Charme.

Man ist allein in der schwarzen Leere – in einem trüben Zwischenreich, in dem man ohne Gewicht zu schweben scheint, ohne eine umgebende Welt – eine Seele, befreit von der Last der Materie. Doch hin und wieder gibt es die Lichter der Erde, die einen aufheitern. Weit vorn sehen wir einen Lichtpunkt. Langsam dehnt er sich aus. Dann, wo einst ein Feuer war, sind zahllose helle Flecken. Sie verlaufen in Linien, mit hier und da einem helleren Haufen. Wir wissen, dass es eine Stadt ist.

Dann wiederum ist es draußen in der Einsamkeit, nur hier und da mit einem schwachen Glühen. Wenn der Mond aufgeht, sehen wir vielleicht eine schwache, sich windende graue Linie. Es ist ein Fluss, auf dessen Wasser das Mondlicht fällt.

Ein Blitz schießt nach oben, und dann ist ein leises Brüllen zu hören. Es ist ein Eisenbahnzug, vielleicht erhellen die Flammen der Lokomotive für einen Moment den aufsteigenden Rauch.

Dann werfen wir aus Sicherheitsgründen noch mehr Ballast ab und steigen durch die schwarze Einsamkeit der Wolken in einen seelenerweckenden Ausbruch herrlichen Sternenlichts auf. Dort, allein mit den Sternbildern, warten wir auf die Morgendämmerung.

Und wenn die Morgendämmerung anbricht, rot, gold und violett in ihrer Pracht, möchte man die Erde kaum noch einmal aufsuchen, obwohl die Neuheit, in wer weiß, in welchem Teil Europas zu landen, noch ein weiteres einzigartiges Vergnügen bietet.

Für viele liegt hierin der große Reiz des Ballonfahrens. Der Ballonfahrer wird zum Entdecker. Angenommen, Sie sind ein junger Mann, der gerne umherstreift, der Abenteuer liebt, der ins Unbekannte vordringt und sich mit dem Unerwarteten auseinandersetzt – aber angenommen, Sie sind durch Familie und Beruf zu Hause gebunden. Ich rate Ihnen, sich an das

Ballonfahren zu wagen. Mittags essen Sie friedlich im Kreis Ihrer Familie zu Mittag. Um 14 UHR steigen Sie auf. Zehn Minuten später sind Sie kein gewöhnlicher Bürger mehr – Sie sind ein Entdecker, ein Abenteurer des Unbekannten, so wahrhaftig wie diejenigen, die auf Grönlands eisigen Bergen erfrieren oder an Indiens Korallenstränden dahinschmelzen.

Sie wissen nur ungefähr, wo Sie sind, und können nicht wissen, wohin Sie gehen. Doch vieles kann von Ihrer Wahl sowie Ihrem Können und Ihrer Erfahrung abhängen. Die Wahl der Höhe liegt bei Ihnen – ob Sie dieser Strömung folgen oder höher steigen und einer anderen folgen. Sie können über die Wolken steigen, wo man Sauerstoff aus Röhren atmet, während die Erde, im letzten flüchtigen Blick, den Sie auf sie erhaschen, unter Ihnen zu rotieren scheint und Sie jede Orientierung verlieren; oder Sie können herabsteigen und an der Oberfläche entlanghuschen, unterstützt von Ihrem Führungsseil und einer Schöpfkelle voll Ballast, um über Bäume und Häuser zu springen – riesige Sprünge, die Sie mühelos machen.

Wenn es dann an der Zeit ist, zu landen, verspürt der wahre Entdecker die Lust, sich wie ein Gott aus einer Maschine auf unbekannte Völker zu stürzen. "Welches Land ist das?" Wird die Antwort auf Deutsch, Russisch oder Norwegisch kommen? Beim Überqueren europäischer Grenzen wurden Mitglieder des Paris Aéro Club beschossen. Andere wurden bei der Landung zum Bürgermeister oder Militärgouverneur gefangen genommen, um dort als Spione zu schmachten, während der Telegraph in die ferne Hauptstadt klickte, und um dann den Abend bei Champagner in einer begeisterten Offiziersmesse ausklingen zu lassen. Wieder andere mussten mit der gefährlichen Ignoranz und dem Aberglauben selbst einer abgelegenen kleinen Bauernbevölkerung kämpfen. Das sind die Chancen der Winde.

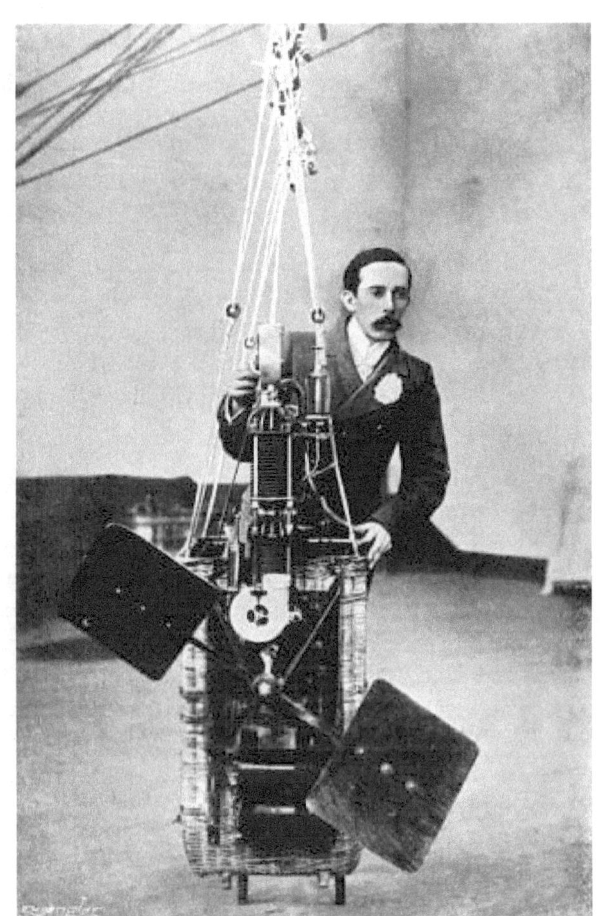

MOTOR VON „Nr. 1"

# KAPITEL VI
### Ich gebe der Idee eines steuerbaren Ballons nach

Während meines Aufstiegs mit M. Machuron, als unser Führungsseil um den Baum gewickelt war und der Wind uns so heftig schüttelte, nutzte er die Gelegenheit, um mir von jeglichem Fahren mit lenkbaren Ballons abzuraten.

„Beobachten Sie die Heimtücke und Rachsucht des Windes", rief er zwischen den Stößen. „Wir sind an den Baum gefesselt, aber sehen Sie, mit welcher Kraft er versucht, uns loszureißen." (Hier wurde ich wieder auf den Boden des Korbes geworfen.) „Welcher Propeller könnte ihm Paroli bieten? Welcher längliche Ballon würde nicht zusammenbrechen und Sie ins Verderben katapultieren?"

Es war entmutigend. Als ich mit der Bahn nach Paris zurückkehrte, gab ich den Ehrgeiz auf, Giffards Versuche fortzusetzen, und dieser Geisteszustand hielt wochenlang an. Ich hätte gewandt gegen die Lenkbarkeit von Ballons argumentiert. Dann kam eine neue Phase der Versuchung, denn eine lange gehegte Idee stirbt nur schwer. Als ich die praktischen Schwierigkeiten in Betracht zog, merkte ich, dass mein Verstand automatisch versuchte, sich selbst davon zu überzeugen, dass es sie nicht gab. Ich ertappte mich dabei, zu sagen: „Wenn ich einen zylindrischen Ballon lang und dünn genug mache, wird er die Luft durchschneiden ..." und, was den Wind betrifft, „werde ich dann nicht wie ein Segelsegler sein, der nicht dafür kritisiert wird, dass er sich weigert, bei Sturm hinauszufahren?"

Letztendlich entschied mich ein Unfall. Die Einfachheit hat mich schon immer fasziniert, während Komplikationen, auch wenn sie noch nie so genial waren, mich abstoßen. Die Motoren von Dreiradautos waren derzeit weitestgehend ausgereift. Ich war von ihrer Einfachheit begeistert, und ihre Vorzüge hatten unlogischerweise den Effekt, dass ich mich gegen alle anderen Einwände gegen steuerbare Ballonfahrten entschieden habe.

„Ich werde diesen leichten und leistungsstarken Motor verwenden", sagte ich. „Giffard hatte keine solche Gelegenheit."

Giffards primitive Dampfmaschine, die im Verhältnis zu ihrem Gewicht schwach war und aus ihrem Kohlebrennstoff glühende Funken spuckte, hatte diesem mutigen Innovator keine faire Chance gegeben, argumentierte ich. Ich habe keinen einzigen Moment mit der Idee eines Elektromotors gezögert, der zwar wenig Gefahr verspricht, aber den entscheidenden Ballonfehler hat, der schwerste bekannte Motor zu sein, wenn man das Gewicht seiner Batterie mitzählt. Tatsächlich habe ich so wenig Geduld mit der Idee, dass ich nichts weiter dazu sagen werde, außer zu wiederholen, was Mr. Edison mir im April 1902 zu diesem Thema sagte: „Sie haben gut daran getan", sagte er, „den Petroleummotor zu wählen. Er ist der einzige, von dem ein Aeronaut beim gegenwärtigen Stand der Industrie träumen kann; und lenkbare Ballons mit Elektromotoren hätten, insbesondere in ihrer Form vor fünfzehn oder zwanzig Jahren, zu keinem Ergebnis geführt. Deshalb haben die Gebrüder Tissandier sie aufgegeben."

Trotz der jüngsten enormen Verbesserungen der Dampfmaschine hätte sie mich nicht für die lenkbare Ballonfahrt entscheiden können. Motor für Motor ist er vielleicht besser als der Petroleummotor, aber wenn man den Kessel mit dem Vergaser vergleicht, wiegt letzterer Gramm pro Pferdestärke, während der Kessel Kilogramm wiegt. Bei gewissen leichten Dampfmotoren, die sogar leichter sind als Petroleummotoren, ruiniert der Kessel immer das Verhältnis. Mit einem Pfund Petroleum kann man eine Pferdestärke in einer Stunde aufbringen. Um dieselbe Energie aus der am weitesten entwickelten Dampfmaschine zu erhalten, braucht man viele Kilogramm Wasser und Brennstoff, sei es Petroleum oder anderer. Selbst wenn man das Wasser kondensiert, kann man nicht weniger als einige Kilogramm pro Pferdestärke haben.

Wenn man dann mit der Dampfmaschine Kohle als Brennstoff verwendet, entstehen brennende Funken; Wenn man hingegen Erdöl mit Brennern verwendet, hat man eine große Menge Feuer. Wir müssen dem Erdölmotor gerecht werden und zugeben, dass er weder Flammen noch brennende Funken erzeugt.

Im Moment habe ich einen Clement-Petroleummotor, der nur 2 Kilogramm (4½" lbs.) pro PS wiegt. Das ist mein 60 PS starker Motor Nr. 7", dessen Gesamtgewicht nur 120 Kilogramm (264 Pfund) beträgt. Vergleichen Sie dies mit der neuen Stahl-Nickel-Batterie von Herrn Edison, die ein Gewicht von 18 Kilogramm (40 Pfund) pro PS verspricht.

Das geringe Gewicht und die Einfachheit des kleinen Dreiradmotors von 1897 sind daher für alle meine Versuche verantwortlich. Ich ging von diesem Grundsatz aus: Um überhaupt Erfolg zu haben, müsste man Gewicht einsparen und so sowohl die finanziellen als auch die mechanischen Bedingungen des Problems berücksichtigen.

Heutzutage baue ich im großen Stil Luftschiffe. Für mich ist es eine Art Lebenswerk. Damals war ich noch ein halbentschlossener Anfänger und nicht bereit, große Geldsummen für ein zweifelhaftes Projekt auszugeben.

Deshalb beschloss ich, einen länglichen Ballon zu bauen, der gerade groß genug war, um neben meinem eigenen Gewicht von 50 Kilogramm (110 Pfund) so viel mehr zu heben, als für den Korb und die Takelage, den Motor, den Treibstoff und den absolut unverzichtbaren Ballast nötig war. In

Wirklichkeit baute ich ein Luftschiff, das zu meinem kleinen Dreiradmotor passte.

Ich suchte nach der Werkstatt eines kleinen Mechanikers in der Nähe meines Wohnsitzes im Zentrum des Pariser Wohnviertels, wo ich meine Pläne unter meinen eigenen Augen ausführen und meine eigenen Hände an die Aufgabe binden konnte. So eins habe ich in der Rue du Colisée gefunden. Dort habe ich zunächst ein Tandem aus zwei Zylindern eines Dreiradmotors ausgearbeitet – das heißt, sie wurden nacheinander verlängert, um dieselbe Pleuelstange zu betätigen, während sie von einem einzigen Vergaser gespeist wurden.

Um das Gewicht auf ein Minimum zu reduzieren, habe ich aus allen Teilen des Motors alles herausgeschnitten, was für die Stabilität nicht unbedingt erforderlich war. Auf diese Weise habe ich etwas realisiert, das damals interessant war – einen 3½-Zoll-PS-Motor, der 30 Kilogramm (66 Pfund) wog.

Bald bot sich mir die Gelegenheit, meinen Tandemmotor zu testen. Bei der großen Serie von Autorennen, die 1903 in Paris-Madrid ihren Höhepunkt erreicht zu haben scheint, wurde die Leistung dieser wunderbaren Motoren Jahr für Jahr sprunghaft gesteigert. Paris-Bordeaux 1895 wurde mit einer 4-PS-Maschine mit einer Durchschnittsgeschwindigkeit von 25 Kilometern (15½ Meilen) pro Stunde gewonnen. 1896 wurde Paris-Marseille und zurück mit einer Geschwindigkeit von 30 Kilometern (18½ Meilen) pro Stunde bewältigt. Jetzt, 1897, war es Paris-Amsterdam. Obwohl ich nicht für das Rennen gemeldet war, kam mir die Idee, meinen Tandemmotor an seinem Originaldreirad zu testen. Ich startete und stellte zu meiner Zufriedenheit fest, dass ich das Tempo gut mithalten konnte. Tatsächlich hätte ich im Ziel vielleicht einen guten Platz erringen können – mein Fahrzeug war im Verhältnis zu seinem Gewicht das stärkste von allen und die Durchschnittsgeschwindigkeit des Siegers betrug nur 40 Kilometer (25 Meilen) pro Stunde –, wenn ich nicht befürchtet hätte, dass die Erschütterungen meines Motors bei einer so anstrengenden Fahrt ihn auf lange Sicht stören könnten, und ich mir einbildete, ich hätte Wichtigeres für ihn zu tun.

Meine Erfahrungen mit dem Automobilbau haben mir übrigens auch bei meinen Luftschiffen gute Dienste geleistet. Der Petroleummotor ist noch immer ein empfindliches und launisches Ding, und sein spuckendes Grollen hat Geräusche, die nur das erfahrene Ohr verstehen kann. Sollte bei einem meiner zukünftigen Flüge der Zeitpunkt kommen, an dem der Motor meines Luftschiffs eine Gefahr darstellt, bin ich überzeugt, dass mein Ohr die Warnung hören und ich sie beachten werde. Diese fast instinktive Fähigkeit verdanke ich nur der Erfahrung. Nachdem ich das Dreirad wegen seines

Motors zerlegt hatte, kaufte ich mir etwa zu dieser Zeit einen modernen 6-PS-Panhard, mit dem ich in 54 Stunden von Paris nach Nizza fuhr – Tag und Nacht, ohne Pause – und hätte ich nicht mit dem Luftschifffahren angefangen, wäre ich ein begeisterter Rennautofahrer geworden, der ständig einen Typ gegen einen anderen austauschte, ständig auf der Suche nach höherer Geschwindigkeit war und mit dem Fortschritt der Branche Schritt hielt, wie so viele andere auch, zur Ehre der französischen Mechanik und des neuen Pariser Sportsgeistes.

Aber meine Luftschiffe hielten mich auf. Beim Experimentieren war ich an Paris gebunden. Ich konnte keine langen Fahrten unternehmen, und das Petroleumauto mit seiner wunderbaren Möglichkeit, in jedem Weiler Treibstoff zu finden, verlor in meinen Augen seinen größten Nutzen. Im Jahr 1898 sah ich zufällig einen mir unbekannten leichten amerikanischen Elektrobuggy der Marke. Es gefiel meinem Auge, meinen Bedürfnissen und meinem Verstand gleichermaßen und ich kaufte es. Ich hatte noch nie Grund, den Kauf zu bereuen. Es dient mir zum Laufen in Paris, und zwar leicht, geräuschlos und ohne Geruch.

Den Plan meiner Ballonhülle hatte ich bereits den Konstrukteuren übergeben. Es handelte sich um einen zylindrischen Ballon, der vorne und hinten in Kegeln endete, 25 Meter (82½ Zoll Fuß) lang, mit einem Durchmesser von 3,5 Metern (11½ Zoll Fuß) und einer Gaskapazität von 180 Kubikmetern (6354 Kubikfuß). Meine Berechnungen ergaben, dass ich sowohl für das Ballonmaterial als auch für den Lack nur 30 Kilogramm benötigte. Deshalb verzichtete ich auf das übliche Netz und *das Hemd* bzw. die äußere Hülle; Tatsächlich hielt ich diesen zweiten Umschlag, in dem sich der eigentliche Ballon befand, nicht nur für überflüssig, sondern auch für schädlich, wenn nicht sogar für gefährlich. Stattdessen befestigte ich die Aufhängeschnüre meines Korbes direkt an der Ballonhülle, und zwar mithilfe kleiner Holzstäbe, die in lange horizontale Säume eingeführt wurden, die auf beiden Seiten über einen großen Teil der Länge des Ballons mit dem Material vernäht waren. Auch hier musste ich, um meine 30 Kilogramm inklusive Lack nicht zu überschreiten, auf meine japanische Seide zurückgreifen, die sich in der „Brasilien" als so robust erwiesen hatte.

Nachdem Herr Lachambre einen Blick auf diesen Auftrag für die Ballonhülle geworfen hatte, lehnte er ihn zunächst rundheraus ab. Er würde sich an einer solchen Unbesonnenheit nicht beteiligen. Aber als ich ihm in Erinnerung rief, dass er dasselbe in Bezug auf die „Brazil" gesagt hatte und ihm versicherte, dass ich den Ballon notfalls mit meinen eigenen Händen zuschneiden und nähen würde, gab er nach und übernahm die Aufgabe. Er würde den Ballon nach meinen Plänen zuschneiden, nähen und lackieren.

Nachdem die Ballonhülle auf diese Weise in Gang gebracht worden war, bereitete ich meinen Korb, meinen Motor, meinen Propeller, mein Ruder und meine Maschinen vor. Als sie fertig waren, machte ich viele Versuche damit, indem ich das gesamte System an einer Schnur an den Dachsparren der Werkstatt aufhängte, den Motor startete und die Kraft des Vorwärtsschwungs maß, der durch den Propeller verursacht wurde, der auf die Atmosphäre dahinter einwirkte. Als ich diese Vorwärtsbewegung mittels eines an einem Dynamometer befestigten horizontalen Seils bremste, stellte ich fest, dass die Zugkraft, die der Motor in meinem Propeller mit zwei Armen von jeweils einem Meter Durchmesser entwickelte, bis zu 11,4 Kilogramm (25 Pfund) betrug .). Dies war eine Zahl, die einem zylindrischen Ballon meiner Größe, dessen Länge fast dem Siebenfachen seines Durchmessers entsprach, eine gute Geschwindigkeit versprach. Bei 1200 Umdrehungen pro Minute könnte der Propeller, der direkt an der Motorwelle befestigt war, dem Luftschiff, wenn alles gut ging, leicht eine Geschwindigkeit von nicht weniger als 8 Metern (26½ Fuß) pro Sekunde verleihen.

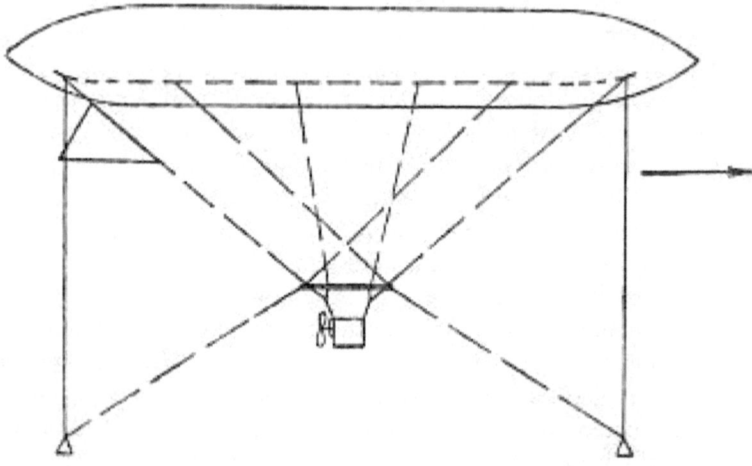

**Abb. 3.**

Das Ruder habe ich aus Seide gefertigt und über einen dreieckigen Stahlrahmen gespannt. Jetzt blieb nichts weiter zu ersinnen als ein System der Gewichtsverlagerung, das, wie ich sah, von Anfang an unentbehrlich sein würde. Zu diesem Zweck habe ich zwei Säcke mit Ballast, einen vorne und einen hinten, an Schnüren an der Ballonhülle aufgehängt. Mittels leichterer Schnüre könnte jedes dieser beiden Gewichte in den Korb gezogen werden (siehe Abb. 3) und so den Schwerpunkt des gesamten Systems verschieben. Das Einziehen des Vordergewichts würde dazu führen, dass der Stiel des Ballons schräg nach oben zeigt; Das Einziehen des Heckgewichts hätte genau den gegenteiligen Effekt. Außerdem hatte ich ein etwa 60 Meter langes

Führungsseil, das bei Bedarf auch als Ballast zum Verschieben verwendet werden konnte.

All dies nahm mehrere Monate in Anspruch, und die Arbeiten wurden alle in der kleinen Maschinenwerkstatt in der Rue du Colisée durchgeführt, nur wenige Schritte von dem Ort entfernt, an dem später der Pariser Aéro Club seine ersten Büros haben sollte.

# KAPITEL VII
## Meine ersten Luftschiffkreuzfahrten (1898)

Mitte September 1898 war ich bereit, unter freiem Himmel zu beginnen. Unter den Pariser Aeronauten, die den Kern des Aéro-Clubs bildeten, hatte sich das Gerücht verbreitet, dass ich einen Petroleummotor in meinem Korb mitnehmen würde. Sie waren aufrichtig beunruhigt über das, was sie meine Kühnheit nannten, und einige von ihnen bemühten sich freundlich, mir die permanente Gefahr eines solchen Motors unter einem mit leicht entflammbarem Gas gefüllten Ballon zu zeigen. Sie flehten mich an, stattdessen den Elektromotor zu benutzen – „der viel weniger gefährlich ist".

Ich hatte vereinbart, den Ballon im Jardin d'Acclimatation aufzublasen, wo bereits ein Fesselballon installiert und mit allem ausgestattet war, was man täglich brauchte. Dies gab mir die Möglichkeit, für einen Franken pro Kubikmeter die 180 Kubikmeter (6354 Kubikfuß) Wasserstoff zu erhalten, die ich brauchte.

**ERSTE START „SANTOS-DUMONT Nr. 1"**

Am 18. September lag mein erstes Luftschiff – die „Santos-Dumont Nr. 1",
wie sie seither genannt wird, um sie von den nachfolgenden zu unterscheiden
– ausgestreckt auf dem Rasen zwischen den Bäumen des wunderschönen
Jardin d'Acclimatation, des neuen Zoologischen Gartens im Westen von
Paris. Um zu verstehen, was geschah, muss ich den Start von kugelförmigen
Ballons von solchen Orten aus erklären, wo Gruppen von Bäumen und
andere Hindernisse den offenen Raum umgeben.

Wenn das Wiegen und Ausbalancieren des Ballons abgeschlossen ist und die
Aeronauten ihren Platz im Korb eingenommen haben, ist der Ballon bereit,
mit einer gewissen Aufstiegskraft vom Boden abzuheben. Daraufhin wird es
von Hilfsmitteln an ein Ende des offenen Raumes in der Richtung getragen,
aus der der Wind gerade weht, und dort kommt der Befehl: „Lasst alle los!"
gegeben ist. Auf diese Weise muss der Ballon den gesamten offenen Raum
überqueren, bevor er die Bäume oder andere Hindernisse erreicht, die
möglicherweise gegenüber liegen und zu denen der Wind ihn natürlich tragen
würde. Es hat also Raum und Zeit, hoch genug zu steigen, um über sie
hinwegzufliegen. Darüber hinaus wird die Aufstiegskraft des Ballons
entsprechend reguliert: Sie ist sehr gering, wenn der Wind schwach ist; es ist
mehr, wenn der Wind stärker ist.

Ich hatte gedacht, dass mein Luftschiff gegen den gerade wehenden Wind
fahren könnte, und hatte deshalb vor, es für den Start genau am anderen
Ende des offenen Raums zu platzieren als dem, den ich beschrieben habe –
das heißt stromabwärts und nicht stromaufwärts in der Luftströmung in
Bezug auf den von Bäumen umgebenen offenen Raum. Ich würde so ohne
Schwierigkeiten aus dem offenen Raum herauskommen, da der Wind gegen
mich weht – denn unter solchen Bedingungen sollte die relative
Geschwindigkeit des Luftschiffs der Differenz zwischen seiner absoluten
Geschwindigkeit und der Windgeschwindigkeit entsprechen – und so hätte
ich, indem ich gegen die Luftströmung fahre, genügend Zeit, um
aufzusteigen und über die Bäume zu fliegen. Offensichtlich wäre es ein
Fehler, das Luftschiff an einem Punkt zu platzieren, der für einen
gewöhnlichen Ballon ohne Motor und Propeller geeignet ist.

Und doch habe ich es dort platziert, nicht aus eigenem Willen, sondern
aufgrund des Willens der professionellen Aeronauten, die in der Menge
kamen, um bei meinem Experiment dabei zu sein. Vergeblich erklärte ich,
dass ich, wenn ich mich „stromaufwärts" im Wind in Bezug auf die Mitte des
offenen Raums stelle, unweigerlich riskieren würde, das Luftschiff gegen die
Bäume zu schleudern, bevor ich Zeit hätte, über sie zu steigen, die
Geschwindigkeit meines Der Propeller ist dem des dann wehenden Windes
überlegen.

Alles war nutzlos. Die Aeronauten hatten noch nie einen Luftballon starten sehen. Sie konnten nicht zugeben, dass der Start unter anderen Bedingungen als denen eines kugelförmigen Ballons erfolgte, trotz des wesentlichen Unterschieds zwischen beiden. Da ich allein gegen sie alle war, hatte ich die Schwäche, nachzugeben.

Ich startete von der Stelle, die sie mir gezeigt hatten, und innerhalb einer Sekunde riss ich mein Luftschiff gegen die Bäume, wie ich es befürchtet hatte. Danach leugnen Sie, wenn Sie können, die Existenz eines Drehpunkts in der Luft.

Dieser Unfall hat zumindest denjenigen, die zuvor daran gezweifelt hatten, die Leistungsfähigkeit meines Motors und Propellers in der Luft vorgeführt.

Ich verschwendete keine Zeit mit Bedauern. Zwei Tage später, am 20. September, startete ich tatsächlich von derselben Freifläche aus, dieses Mal wählte ich meinen eigenen Startpunkt.

Ich flog ohne Zwischenfall über die Baumwipfel und begann sofort, um sie herumzusegeln, um der großen Menge von Parisern, die sich dort versammelt hatte, an Ort und Stelle eine erste Demonstration des Luftschiffs zu geben. Ich hatte damals ihre Sympathie und ihren Applaus, wie ich sie seither immer gehabt habe; das Pariser Publikum war immer ein freundlicher und begeisterter Zeuge meiner Bemühungen.

Unter der kombinierten Wirkung des Propellerimpulses, des Steuerruders, der Verschiebung des Führungsseils und der beiden Ballastsäcke, die nach meinem Willen hin und her glitten, hatte ich die Befriedigung, meine Bewegungen in alle Richtungen zu machen – nach rechts und links und oben und unten.

Dieses Ergebnis ermutigte mich, und da ich unerfahren war, machte ich den großen Fehler, hoch in die Luft zu steigen, auf 400 Meter (1300 Fuß), eine Höhe, die für einen kugelförmigen Ballon nichts bedeutet, für einen Ballon jedoch absurd und nutzlos gefährlich ist Luftschiff vor Gericht.

Von dieser Höhe aus hatte ich einen Überblick über alle Denkmäler von Paris. Ich setzte meine Entwicklung in Richtung der Rennbahn von Longchamps fort, die ich von diesem Tag an zum Schauplatz meiner Luftexperimente wählte.

Während ich weiter aufstieg, vergrößerte sich das Wasserstoffvolumen infolge des atmosphärischen Unterdrucks. Durch seine Spannung wurde der Ballon also straff gehalten, und alles ging gut. Anders verhielt es sich, als ich mit dem Sinkflug begann. Die Luftpumpe, die die Kontraktion des Wasserstoffs ausgleichen sollte, hatte nicht genügend Leistung. Der Ballon, ein langer Zylinder, begann sich plötzlich in der Mitte wie ein Taschenmesser zu falten, die Spannung der Schnüre wurde ungleichmäßig, und die Ballonhülle war im Begriff, von ihnen zerrissen zu werden. In diesem Moment dachte ich, alles sei vorbei, umso mehr, als der begonnene Sinkflug nicht mehr durch die üblichen Bordmittel aufgehalten werden konnte, da nichts funktionierte.

Der Abstieg wurde zum Sturz. Zum Glück landete ich in der Nähe des Rasens von Bagatelle, wo einige große Jungs Drachen steigen ließen. Eine plötzliche Idee kam mir. Ich rief ihnen zu, sie sollten das Ende meines Führungsseils ergreifen, das bereits den Boden berührt hatte, und damit so schnell wie möglich *gegen den Wind laufen* .

Sie waren kluge junge Leute, und sie begriffen die Idee und das Seil im selben glücklichen Moment. Die Wirkung dieser Hilfe *in extremis* war unmittelbar und so, wie ich es mir erhofft hatte. Durch das Manöver verringerten wir die Geschwindigkeit des Sturzes und verhinderten so, gelinde gesagt, eine schlimme Erschütterung.

Ich wurde zum ersten Mal gerettet. Ich dankte den tapferen Jungs, die mir weiterhin dabei halfen, alles in den Korb des Luftschiffs zu packen, und sicherte mir schließlich ein Taxi und brachte die Reliquien zurück nach Paris.

# KAPITEL VIII
## WIE ES SICH ANFÜHLT, DURCH DIE LUFT ZU NAVIGIEREN

Trotz des Zusammenbruchs fühlte ich an diesem Abend nichts als Hochgefühl. Das Gefühl des Erfolgs erfüllte mich: Ich hatte die Lüfte bezwungen.

Ich hatte alle erforderlichen Maßnahmen ergriffen, um das Problem zu lösen. *Der Ausfall selbst hatte keine von den Berufspiloten vorhergesehene Ursache.*

Ich war aufgestiegen, ohne Ballast zu verlieren. Ich war abgestiegen, ohne Gas zu verlieren. Meine Gewichtsverlagerung hatte sich als erfolgreich erwiesen, und es wäre unmöglich gewesen, den Triumph dieser schrägen Flüge durch die Luft nicht zu erkennen. Niemand hatte sie je zuvor gemacht.

Natürlich muss man beim Start oder kurz nach dem Abheben manchmal Ballast abwerfen, um die Maschine auszubalancieren, da man vielleicht einen Fehler gemacht und mit einem viel zu schweren Luftschiff gestartet ist. Was ich meinte, waren Manöver in der Luft.

**„Nr. 4" FREIE DIAGONALE BEWEGUNG NACH OBEN**

## "Nr. 6." FREIE DIAGONALE BEWEGUNG NACH UNTEN

Mein erster Eindruck von der Luftfahrt war, das muss ich gestehen, die Überraschung, dass das Luftschiff geradeaus fuhr. Es war erstaunlich, den Wind in meinem Gesicht zu spüren. Beim Kugelballonfahren schwimmen wir mit dem Wind und spüren ihn nicht. Zwar spürt der Kugelballonfahrer beim Auf- und Absteigen die Reibung der Atmosphäre, und die vertikale Schwingung lässt die Flagge flattern, aber bei der horizontalen Bewegung scheint der gewöhnliche Ballon stillzustehen, während die Erde unter ihm vorbeifliegt.

Als mein Luftschiff vorwärts pflügte, schlug mir der Wind ins Gesicht und ließ meinen Mantel flattern, wie auf dem Deck eines transatlantischen Linienschiffs, obwohl es in anderer Hinsicht genauer wäre, die Luftschifffahrt mit der Flussschifffahrt auf einem Dampfschiff zu vergleichen. Sie ist nicht wie die Segelschifffahrt, und alles Gerede über „Wenden" ist bedeutungslos. Wenn überhaupt Wind weht, dann aus einer bestimmten Richtung, so dass die Analogie mit einer Flussströmung vollständig ist. Wenn überhaupt kein Wind weht, können wir es mit der Schifffahrt auf einem ruhigen See oder Teich vergleichen. Es wird gut sein, diese Angelegenheit zu verstehen.

Angenommen, mein Motor und mein Propeller treiben mich mit einer Geschwindigkeit von 20 Meilen pro Stunde durch die Luft, dann befinde ich mich in der Position eines Dampfschiffkapitäns, dessen Propeller ihn mit einer Geschwindigkeit von 20 Meilen pro Stunde den Fluss hinauf oder hinunter treibt. Stellen Sie sich vor, dass die Strömung 10 Meilen pro Stunde beträgt. Wenn er gegen die Strömung navigiert, erreicht er 10 Meilen pro Stunde in Bezug auf das Ufer, obwohl er mit einer Geschwindigkeit von 20 Meilen pro Stunde durch das Wasser gereist ist. Wenn er mit der Strömung schwimmt, erreicht er in Bezug auf das Ufer 30 Meilen pro Stunde, obwohl er durch das Wasser nicht schneller vorangekommen ist. Dies ist einer der Gründe, warum es so schwierig ist, die Geschwindigkeit eines Luftschiffs abzuschätzen.

Das ist auch der Grund, warum Luftschiffkapitäne es immer vorziehen, bei ruhigem Wetter zu ihrem eigenen Vergnügen zu navigieren, und wenn sie auf eine Gegenströmung stoßen, schräg nach oben oder unten steuern, um ihr zu entkommen. Vögel tun dasselbe. Der Segelsegler pfeift, um eine günstige Brise zu erwarten, ohne die er nichts tun kann, aber der Kapitän eines Flussdampfers wird sich immer dicht an das Ufer halten, um Hochwasser zu vermeiden, und seine Fahrt auf dem Fluss nach der ablaufenden und nicht nach der auflaufenden Flut planen. Wir Luftschiffer sind Dampfschiffkapitäne und keine Segelsegler.

Der Luftnavigator hat jedoch einen großen Vorteil: Er kann eine Strömung verlassen und eine andere wählen. Die Luft ist voller wechselnder Strömungen. Beim Aufsteigen wird er eine günstige Brise oder aber eine Windstille vorfinden. Dies sind rein praktische Überlegungen und haben nichts mit der Fähigkeit des Luftschiffs zu tun, gegen die Brise anzukämpfen, wenn es dazu gezwungen wird.

Vor meiner ersten Reise hatte ich mich gefragt, ob ich seekrank werden würde. Ich sah voraus, dass das Gefühl des schrägen Auf- und Absteigens durch die Gewichtsverlagerung unangenehm sein könnte. Und ich erwartete viel Stampfen ( *Tangage* ), wie man an Bord sagt – Rollen würde es nicht so sehr geben –, aber beide Empfindungen würden beim Ballonfahren neu sein, denn der kugelförmige Ballon vermittelt überhaupt kein Bewegungsgefühl.

Bei meinem ersten Luftschiff war die Aufhängung jedoch sehr lang und ähnelte der eines kugelförmigen Ballons. Aus diesem Grund gab es nur sehr wenig Pitching. Und ganz allgemein gesagt: Obwohl mir gesagt wurde, dass sich mein Luftschiff auf dieser oder jener Reise erheblich neigte, bin ich seitdem nie mehr Seekrank gewesen. Das mag zum Teil daran liegen, dass ich auf dem Wasser selten dieser Krankheit ausgesetzt bin. Beim Hin- und Herpendeln zwischen Brasilien und Frankreich sowie zwischen Frankreich und den Vereinigten Staaten habe ich Erfahrungen mit allen Wetterlagen gemacht. Einmal, auf dem Weg nach Brasilien, war der Sturm so heftig, dass sich der Flügel löste und einer Dame das Bein brach, trotzdem war ich nicht seekrank.

Ich weiß, dass das, was einen auf See am beunruhigendsten empfindet, nicht so sehr die Bewegung ist, sondern das kurze Zögern, kurz bevor das Boot sich neigt, gefolgt von dem böswilligen Absinken oder Aufsteigen, das nie ganz gleich kommt, und dem Stoß oben und unten. All dies wird noch verstärkt durch die Gerüche von Farbe, Lack und Teer, vermischt mit den

Gerüchen der Küche, der Hitze der Kessel und dem Gestank des Rauchs und des Laderaums.

Im Luftschiff gibt es keinen Geruch – alles ist rein und sauber – und das Stampfen selbst hat nichts von den Erschütterungen und Zögern eines Bootes auf See. Die Bewegung ist sanft und fließend, was zweifellos auf den geringeren Widerstand der Luftwellen zurückzuführen ist. Die Steigungen sind weniger häufig und schnell als auf See; der Einbruch wird nicht abrupt aufgehalten, so dass der Geist die Kurve bis zu ihrem Ende vorhersehen kann; und es gibt keinen Schock, der dem Solarplexus dieses seltsame, „leere" Gefühl verleiht.

Außerdem werden die Stöße eines Transatlantikdampfers zuerst vom Vorderteil und dann vom Hinterteil verursacht, wobei der Teil der riesigen Konstruktion aus dem Wasser aufsteigt und wieder hineintaucht. Das Luftschiff verlässt nie sein Medium – die Luft –, in der es nur schwingt.

Diese Überlegung bringt mich zum bemerkenswertesten aller Eindrücke der Luftfahrt. Auf meiner ersten Reise war ich tatsächlich schockiert! Dies ist das völlig neue Gefühl der Bewegung in einer zusätzlichen Dimension!

Der Mensch hat nie etwas gekannt, das einer freien vertikalen Existenz gleichkäme. Auf der Ebene der Erde gehalten, war seine Bewegung „nach unten" kaum mehr als die Rückkehr dorthin nach einer kurzen Exkursion „nach oben", wobei unser Geist immer auf der Oberfläche der Ebene blieb, selbst wenn unser Körper aufstieg; und das ist in einem solchen Ausmaß der Fall, dass der Kugelballonfahrer beim Aufsteigen kein Gefühl der Bewegung verspürt, sondern den Eindruck gewinnt, dass die Erde unter ihm herabsinkt.

*Was Kombinationen von vertikalen und horizontalen Bewegungen angeht, ist der Mensch völlig unerfahren.* Da also alle unsere Bewegungsempfindungen praktisch in zwei Dimensionen stattfinden, besteht die außergewöhnliche Neuheit der Luftnavigation darin, dass sie uns Erfahrungen ermöglicht – allerdings nicht in der vierten Dimension –, sondern in einer praktisch zusätzlichen Dimension – der dritten. damit das Wunder ähnlich ist. Tatsächlich kann ich die Freude, das Wunder und den Rausch dieser freien diagonalen Bewegung vorwärts und aufwärts oder vorwärts und abwärts, kombiniert nach Belieben mit abrupten horizontalen Richtungsänderungen, wenn das Luftschiff auf eine Berührung des Ruders reagiert, nicht beschreiben! Dieses Gefühl haben die Vögel, wenn sie ihre großen Flügel ausbreiten und in Kurven und Spiralen durch den Himmel rodeln!

Por mares nunca d'antes navegados!
(Über die Meere bis hierhin unbesegelt.)

Der Satz unseres großen Dichters hallte in meiner Kindheitserinnerung wider. Nach dieser ersten meiner Kreuzfahrten ließ ich es auf meine Flagge setzen.

Es ist wahr, dass mich das Ballonfahren mit einer Kugel auf das bloße Gefühl der Höhe vorbereitet hatte; aber das ist eine ganz andere Sache. Daher ist es merkwürdig, dass der bloße Gedanke an die Höhe, so gut ich auf diesen Kopf vorbereitet war, mir das einzige unangenehme Erlebnis bescheren sollte. Was ich meine, ist Folgendes:

Die wunderbaren neuen Kombinationen vertikaler und horizontaler Bewegungen, die völlig aus früheren menschlichen Erfahrungen stammen, bereiteten mir weder Überraschung noch Ärger. Mit einer Art instinktiver Freiheit pflügte ich diagonal nach oben durch die Luft. Und doch beunruhigte mich bei der horizontalen Bewegung – wie man sagen würde, in der natürlichen Position – ein Blick nach unten auf die Dächer der Häuser.

**Die Dächer sehen so gefährlich aus**

„Was, wenn ich fallen sollte?", dachte ich. Die Hausdächer mit ihren Schornsteinspitzen sahen so gefährlich aus. In einem kugelförmigen Ballon kommt einem dieser Gedanke selten, weil wir wissen, dass die Gefahr in der Luft gleich *Null ist*: Der große kugelförmige Ballon kann weder plötzlich sein Gas verlieren noch platzen. Mein kleiner Luftschiffballon musste nicht nur dem äußeren, sondern auch dem inneren Druck standhalten – was bei einem kugelförmigen Ballon nicht der Fall ist, wie ich im nächsten Kapitel erklären werde – und jede Beschädigung der zylindrischen Form meines Luftschiffballons durch Gasverlust könnte tödlich sein.

Während ich über die Dächer flog, hatte ich das Gefühl, dass es schlimm wäre, abzustürzen, aber sobald ich Paris verließ und durch den Wald des Bois de Boulogne flog, war dieser Gedanke völlig verschwunden. Unter mir schien ein Ozean aus Grün, weich und sicher.

Während ich mich über dieses Grün hinaus auf dem Grasfeld der *Rennbahn von Longchamps* bewegte, begann sich mein Ballon, nachdem er viel Gas verloren hatte, zu verdoppeln. Zuvor hatte ich ein Geräusch gehört. Als ich aufblickte, sah ich, dass der lange Zylinder des Ballons zu brechen begann. Dann war ich erstaunt und beunruhigt. Ich fragte mich, was ich tun könnte.

Mir fiel nichts ein, was ich hätte tun können. Ich könnte Ballast abwerfen. Dadurch würde das Luftschiff aufsteigen, und der verringerte Druck der Atmosphäre würde es dem expandierenden Gas zweifellos ermöglichen, den Ballon wieder straff und fest zu strecken. Aber ich dachte daran, dass ich immer wieder herunterkommen musste, wenn sich die ganze Gefahr wiederholen würde, und zwar noch schlimmer als zuvor, da ich mehr Gas verloren hätte. Mir blieb nichts anderes übrig, als sofort weiter nach unten zu gehen.

Ich weiß noch, dass ich damals genau wusste: „Wenn sich dieser Ballonzylinder noch weiter verdoppelt, werden die Seile, mit denen ich daran hänge, unterschiedlich stark sein und beim Abwärtsgehen nach und nach zu reißen beginnen!"

Für den Moment war ich sicher, dass ich dem Tod gegenüberstand. Nun, ich werde es offen sagen, mein Gefühl war fast ausschließlich von Warten und Erwartung geprägt.

„Was kommt als nächstes?", dachte ich. „Was werde ich in ein paar Minuten sehen und wissen? Wen werde ich sehen, wenn ich tot bin?"

**ÜBER DEM BOIS DE BOULOGNE. UNTEN SCHIEN EIN
OZEAN AUS GRÜN ZU SEIN, WEICH UND SICHER**

Der Gedanke, dass ich meinen Vater in wenigen Minuten treffen würde, begeisterte mich. Tatsächlich glaube ich, dass in solchen Momenten weder für Bedauern noch für Angst Platz ist. Der Geist ist zu sehr damit beschäftigt, nach vorn zu schauen. Man hat nur so lange Angst, wie man noch eine Chance hat.

# KAPITEL IX
## EXPLOSIVE MOTOREN UND ENTZÜNDLICHE GASE

Ich wurde so oft und so aufrichtig vor der offensichtlichen Gefahr gewarnt, explosive Motoren unter Massen brennbarer Gase zu betreiben, dass man es mir verzeihen kann, wenn ich einen Moment innehalte, um unangemessene oder gedankenlose Unbesonnenheit von mir zu weisen.

Ganz natürlich musste von Anfang an die Frage der körperlichen Gefahr für mich berücksichtigt werden. Ich war der Interessent und habe versucht, die Frage aus allen Blickwinkeln zu betrachten. Nun, das Ergebnis dieser Meditationen war, dass ich mich kaum noch vor Feuer fürchtete und gleichzeitig an anderen Möglichkeiten zweifelte, vor denen mich niemand im Traum warnen wollte.

## DIE FRAGE DER PHYSIKALISCHEN GEFAHR

Ich erinnere mich, dass ich mich, als ich in der kleinen Tischlerei in der Rue du Colisée an meinem ersten Luftschiff arbeitete, immer fragte, wie sich die

Vibrationen des Petroleummotors auf das System auswirken würden, wenn es in die Luft stieg.

Damals gab es noch nicht die geräuschlosen, vibrationsfreien Autos von heute. Heutzutage lassen sich sogar die riesigen 80- und 90-PS-Motoren der neuesten Rennmodelle so sanft starten und stoppen wie die großen Stahlhämmer in Eisengießereien, deren Ingenieure es geschafft haben, mit ihnen die Oberseite eines Eies zu knacken, ohne den Rest der Schale zu zerbrechen.

Mein Tandemmotor mit zwei Zylindern, der dieselbe Pleuelstange antrieb und von einem einzigen Vergaser gespeist wurde, brachte 3½" PS auf die Straße - damals eine beachtliche Kraft im Verhältnis zu seinem Gewicht - und ich hatte keine Ahnung, wie er sich abseits des Festlands verhalten würde. Ich hatte Motoren auf der Autobahn „springen" sehen. Was würde meiner in seinem kleinen Korb tun, der fast nichts wog und an einem Ballon hing, der noch weniger als nichts wog?

Kennen Sie das Prinzip dieser Motoren? Man könnte sagen, dass sich Benzin in einem Behälter befindet. Durch ihn strömende Luft kommt mit Benzin vermischt heraus und ist bereit zu explodieren. Sie drehen eine Kurbel, und das Ding beginnt automatisch zu arbeiten. Der Kolben senkt sich und saugt Gas und Luft in den Zylinder. Dann kommt der Kolben zurück und komprimiert es. In diesem Moment wird ein elektrischer Funke geschlagen. Es folgt sofort eine Explosion; und der Kolben senkt sich und erzeugt Arbeit. Dann steigt er auf und stößt das Verbrennungsprodukt aus. Bei den beiden Zylindern gab es also bei jeder Umdrehung der Welle eine Explosion.

Um mir über diese Frage klar zu werden, nahm ich mein Dreirad, genau wie nach dem Rennen Paris-Amsterdam, und lenkte es in Begleitung eines fähigen Begleiters in einen einsamen Teil des Bois de Boulogne. Dort im Wald wählte ich einen großen Baum mit tief hängenden Ästen. An zwei von ihnen hängten wir das Dreirad mit drei Seilen auf.

Als wir die Federung gut eingestellt hatten, half mir mein Begleiter beim Aufstieg und setzte mich auf den Sattel des Dreirads. Ich war wie in einer Schaukel. Gleich würde ich den Motor starten und etwas über meinen zukünftigen Erfolg oder Misserfolg erfahren.

Würde mich die Vibration des explosiven Motors hin und her schütteln, die Seile belasten, bis ihre Spannung ausgeglichen war, und sie dann eines nach dem anderen zerreißen? Würde es die Pumpe des Innenluftballons beschädigen und die Ventile des großen Ballons beschädigen? Würde es ständig an den Seidensäumen und den dünnen Stäben, die meinen Korb am Ballon halten sollten, ruckeln und ziehen? Würde sich der springende Motor ohne den stabilisierenden Einfluss des festen Bodens selbst erschüttern, bis er kaputt ging? Und wenn es zerbricht, könnte es nicht explodieren?

All dies und noch mehr war von den professionellen Aeronauten vorhergesagt worden, und ich hatte bisher keinen Beweis außer der Vernunft, dass sie in diesem oder jenem Thema möglicherweise nicht Recht hatten.

Ich habe den Motor gestartet. Ich spürte keine besondere Vibration, und ich wurde ganz bestimmt nicht erschüttert. Ich habe die Geschwindigkeit erhöht und *weniger* Vibrationen gespürt! Daran konnte es keinen Zweifel geben – in diesem leichten Dreirad, das in der Luft hing, gab es weniger Vibrationen, als ich es normalerweise beim Fahren auf dem Boden gespürt hatte. Es war mein erster Triumph in der Luft!

Ich muss ehrlich sagen, dass ich keine Angst vor Feuer hatte, als ich auf meiner ersten Reise in die Luft stieg. Ich befürchtete, dass der Ballon aufgrund seines Innendrucks platzen könnte. Ich habe immer noch Angst davor.

Vor dem Aufstieg hatte ich die Ventile genau getestet. Ich teste sie immer noch genau vor jedem meiner Ausflüge. Die Gefahr bestand natürlich darin, dass die Ventile nicht richtig funktionierten, und in diesem Fall würde die Ausdehnung des Gases beim Aufsteigen des Ballons die gefürchtete Explosion verursachen. Hier liegt der große Unterschied zwischen Kugel- und Lenkballons. Der Kugelballon ist immer offen. Wenn er mit Gas vollgestopft ist, hat er die Form eines Apfels; wenn er einen Teil seines Gases verloren hat, nimmt er die Form einer Birne an; aber in jedem Fall gibt es ein großes Loch im Boden des Kugelballons, wo der Stiel des Apfels oder der Birne wäre, und durch dieses Loch kann das Gas im ständigen Wechsel von Kondensation und Ausdehnung entweichen. Mit solch einer freien Entlüftung besteht für den Kugelballon keine Gefahr, in der Luft zu platzen; aber der Preis für diese Immunität ist ein großer Gasverlust und folglich eine fatale Verkürzung der Aufenthaltsdauer des Kugelballons in der Luft. Eines Tages wird ein Kugelballonfahrer dieses Loch schließen; tatsächlich spricht man bereits davon, es zu tun.

Ich musste es in meinem Luftschiffballon tun, dessen zylindrische Form unbedingt erhalten bleiben muss. Für mich darf es keine Verwandlungen wie vom Apfel zur Birne geben. Nur der Innendruck konnte mir dies garantieren. Die Ventile, auf die ich mich beziehe, waren seit meinen ersten Experimenten unterschiedlichster Art – einige arbeiteten sehr genial zusammen, andere waren äußerst einfach. Ihr Ziel war jedoch immer dasselbe: das Gas im Ballon bis zu einem bestimmten Druck festzuhalten und dann nur so viel herauszulassen, dass der gefährliche Innendruck abgebaut wird. Es ist daher leicht zu erkennen, dass die Gefahr eines Berstens besteht, wenn diese Ventile nicht ordnungsgemäß funktionieren.

Diese mögliche Gefahr war mir zwar bewusst, aber sie hatte nichts mit dem Brand des Sprengmotors zu tun. Doch während all meiner Vorbereitungen und bis zu dem Moment, in dem ich rufe: „Lasst alle los!" Die professionellen Aeronauten, die diesen Schwachpunkt des Luftschiffes völlig übersahen, warnten mich weiterhin vor Feuer, vor dem ich überhaupt keine Angst hatte!

„Wagen wir es, Streichhölzer im Korb eines kugelförmigen Ballons anzuzünden?" Sie fragten.

„Gönnen wir uns auf stundenlangen Fahrten überhaupt den Trost einer Zigarette?"

Für mich schienen die Fälle nicht gleich zu sein. Erstens: Warum sollte man nicht ein Streichholz im Korb eines kugelförmigen Ballons anzünden? Wenn es nur daran liegt, dass der Geist die Vorstellungen von Gas und Flamme vage verbindet, bleibt die Gefahr ideal. Wenn es an der realen Möglichkeit liegt, Gas zu entzünden, das aus dem freien Loch im Stiel des kugelförmigen Ballons entwichen ist, würde das auf mich nicht zutreffen. Mein Ballon, hermetisch verschlossen, könnte – außer wenn übermäßiger Druck Luft oder eine sehr kleine Gasmenge durch eines der automatischen Ventile entweichen ließe – für einen Moment eine kleine Gasspur hinterlassen, *wenn* er sich horizontal oder diagonal bewegte, aber das würde der Fall sein Es darf keins vor dem Motor geben. (Siehe Abb. 4.)

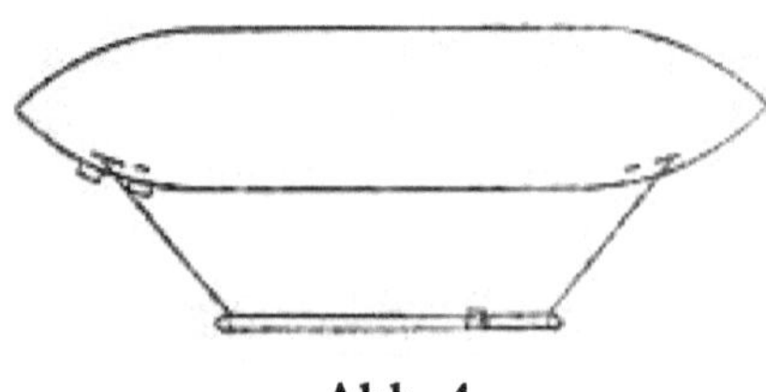

**Abb. 4**

Bei diesem ersten Luftschiff hatte ich die Gasauslassventile noch weiter vom Motor entfernt angebracht als heute. Da die Aufhängeschnüre sehr lang waren, hängte ich sie in meinem Korb weit unter dem Ballon auf. Deshalb habe ich mich gefragt:

„Wie konnte dieser Motor, so weit unterhalb des Ballons und so weit vor seinen Auslassventilen, das darin eingeschlossene Gas in Brand setzen, wenn dieses Gas erst entzündlich ist, wenn es nicht mit Luft vermischt wird?"

Bei diesem ersten Versuch habe ich, wie bei den meisten seitdem, Wasserstoffgas verwendet. Zweifellos ist es in Mischung mit Luft enorm entflammbar – aber es muss sich erst mit Luft vermischen. Alle meine kleinen Ballonmodelle sind mit Wasserstoff gefüllt, und wenn sie so gefüllt sind, habe ich mir mehr als einmal den Spaß gemacht, *in ihnen* nicht ihren Wasserstoff, sondern seine Mischung mit dem Sauerstoff der Atmosphäre zu verbrennen. Man muss lediglich ein kleines Rohr in das Ballonmodell einführen, um einen Strahl der Raumatmosphäre aus einer Luftpumpe zu erzeugen und ihn mit dem elektrischen Funken zu entzünden. Hätte ein Nadelstich auch nur ein noch so kleines Loch in meinem Luftschiffballon verursacht, hätte der Innendruck einen langen dünnen Wasserstoffstrahl in die Atmosphäre geschickt, der sich *hätte* entzünden können, wenn eine Flamme nahe genug gewesen wäre. Aber es gab keine.

Das war das Problem. Mein Motor schlug zweifellos Flammen in einem Umkreis von, sagen wir, einem halben Meter. Es waren jedoch bloße Flammen, keine noch brennenden Produkte unvollständiger Verbrennung wie die Funken einer mit Kohle betriebenen Dampfmaschine. Angesichts dessen stellte sich die Frage, wie die Tatsache, dass ich eine Masse Wasserstoff ohne Luftvermischung und gut gesichert in einer dichten Hülle so hoch über dem Motor hatte, als gefährlich erweisen konnte.

Als ich die Sache immer wieder in meinem Kopf durchging, sah ich nur eine einzige Gefahr durch Feuer. Und zwar die Möglichkeit, dass das Erdölreservoir selbst durch einen *Flammenrückschlag* des Motors Feuer fing. Fünf Jahre lang, das darf ich hier nebenbei erwähnen, war ich völlig immun gegen einen *Flammenrückschlag* (Rückschlag der Flamme). Dann, in derselben Woche, in der sich Mr. Vanderbilt so schlimm verbrannte, am 6. Juli 1903, passierte mir derselbe Unfall in meinem kleinen Luftschiff „Nr. 9", gerade als ich die Seine überquerte, um auf der Ile de Puteaux zu landen. Ich löschte die Flamme sofort mit meinem Panamahut ... ohne weitere Zwischenfälle.

**„Nr. 9" gerät über der Insel Puteaux in Brand**

Aus diesen Gründen unternahm ich meine erste Luftschifffahrt ohne Angst vor Feuer, aber nicht ohne Zweifel vor einer möglichen Explosion aufgrund unzureichend funktionierender Auslassventile meines Ballons. Sollte eine solche „kalte" Explosion stattfinden, würde der Flammen spuckende Motor wahrscheinlich die Masse aus Wasserstoff und Luft, die mich umgibt, entzünden; aber das hätte keinen entscheidenden Einfluss auf das Ergebnis. Die „kalte" Explosion selbst würde zweifellos ausreichen …

Jetzt, nach fünf Jahren Erfahrung und trotz des *Retour de Flamme* über der Ile de Puteaux, halte ich die Gefahr durch Feuer immer noch für praktisch *gleich Null*; Aber die Möglichkeit einer „kalten" Explosion bleibt für mich immer bestehen, und ich muss mir weiterhin Immunität dagegen erkaufen, indem ich wachsam auf meine Gasauslassventile achte. Tatsächlich ist die Wahrscheinlichkeit dieser Sache heute technisch größer als in den frühen Tagen, die ich beschreibe. Mein erstes Luftschiff war nicht auf Geschwindigkeit ausgelegt – daher benötigte es sehr wenig Innendruck, um die Form seines Ballons beizubehalten. Jetzt, wo ich eine große Geschwindigkeit habe, wie bei meiner „Nr. 7", muss ich einen enormen Innendruck haben, um dem Außendruck der Atmosphäre vor dem Ballon standzuhalten, wenn ich dagegen fahre.

---

# KAPITEL X
## Ich beschäftige mich mit dem Bau von Luftschiffen

Im Frühjahr 1899 baute ich ein weiteres Luftschiff, das die Pariser Öffentlichkeit sofort „Santos-Dumont Nr. 2" nannte. Es hatte die gleiche Länge und auf den ersten Blick die gleiche Form wie die „Nr. 1"; aber sein größerer Durchmesser erhöhte sein Volumen auf 200 Kubikmeter – über 7000 Kubikfuß – und gab mir 20 Kilogramm (44 Pfund) mehr Aufstiegskraft. Ich hatte die Unzulänglichkeit der Luftpumpe berücksichtigt, die mich fast getötet hätte, und einen kleinen Ventilator aus Aluminium hinzugefügt, um die Beständigkeit der Ballonform sicherzustellen.

**UNFALL MIT „Nr. 2", 11. MAI 1899**
**(ERSTE PHASE)**

Bei diesem Ventilator handelte es sich um einen Rotationsventilator, der vom Motor angetrieben wurde und Luft in den kleinen inneren Luftballon beförderte, der wie eine Art geschlossene Tasche an der Unterseite des großen Ballons angenäht war. In Abb. 5 ist $G$ der mit Wasserstoffgas gefüllte große Ballon, $A$ der innere Luftballon, $VV$ die automatischen Gasventile, $AV$ dessen Luftventil und $TV$ das Rohr, durch das der Rotationsventilator den inneren Luftballon speiste.

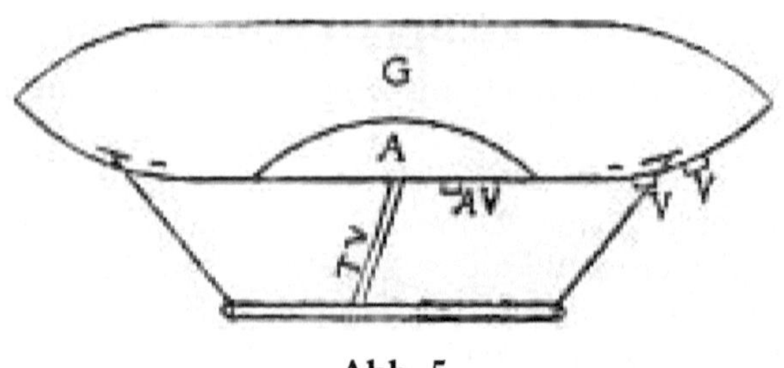

**Abb. 5**

Das Luftventil $AV$ war ein Auslassventil, ähnlich den beiden Gasventilen $VV$ im großen Ballon, mit der einzigen Ausnahme, dass es schwächer war. Auf diese Weise würde, wenn zu viel Flüssigkeit ( $z.$ $B.$ Gas oder Luft oder beides) den großen Ballon ausdehnte, die gesamte Luft den inneren Ballon verlassen, bevor irgendein Gas den großen Ballon verlassen würde.

Der erste Versuch mit meiner „Nr. 2" war für den 11. Mai 1899 angesetzt. Leider wurde das Wetter, das am Morgen noch schön gewesen war, am Nachmittag immer regnerischer. Damals hatte ich noch kein eigenes Ballonhaus. Den ganzen Morgen über hatte sich der Ballon an der Fesselballonstation des Jardin d'Acclimatation langsam mit Wasserstoffgas gefüllt. Da es dort keinen Schuppen für mich gab, musste die Arbeit im Freien durchgeführt werden, und sie wurde mühsam erledigt, mit hundert Verzögerungen, Überraschungen und Ausreden.

Als der Regen einsetzte, benetzte er den Ballon. Was war zu tun? Entweder muss ich ihn leeren und verliere den Wasserstoff und all meine Zeit und Mühe, oder ich muss unter dem Nachteil einer regennassen Ballonhülle weitermachen, die schwerer ist, als sie sein sollte.

Ich entschied mich, im Regen hinaufzugehen. Kaum war ich aufgestanden, verursachte das Wetter eine starke Kontraktion des Wasserstoffs, so dass der lange zylindrische Ballon sichtbar schrumpfte. Dann, bevor die Luftpumpe den Fehler beheben konnte, wurde es durch einen starken Windstoß des Regensturms noch schlimmer als die „Nr. 1" zusammengefaltet und in die benachbarten Bäume geschleudert.

Meine Freunde fingen wieder an und sagten:

„Diesmal haben Sie Ihre Lektion gelernt. Sie müssen verstehen, dass es unmöglich ist, die Form Ihres zylindrischen Ballons starr zu halten. Sie dürfen nicht noch einmal Ihr Leben riskieren, indem Sie einen Erdölmotor darunter mitnehmen."

Ich sagte zu mir:

„Was hat die Starrheit der Ballonform mit der Gefahr eines Erdölmotors zu tun? Fehler zählen nicht. Ich habe meine Lektion gelernt, aber es ist nicht diese Lektion."

**UNFALL MIT „Nr. 2", 11. MAI 1899
(ZWEITE PHASE)**

Deshalb machte ich mich sofort an die Arbeit an einer „Nr. 3", mit einem kürzeren und sehr viel dickeren Ballon, 20 Meter (66 Fuß) lang und 7,50 Meter (25 Fuß) größter Durchmesser (Abb. 6). Seine viel größere Gaskapazität – 500 Kubikmeter (17.650 Kubikfuß) – würde ihm mit Wasserstoff die dreifache Hubkraft meines ersten und die doppelte Leistung meines zweiten Luftschiffs verleihen. Dadurch konnte ich gewöhnliches Leuchtgas verwenden, dessen Auftriebskraft etwa halb so groß ist wie die von Wasserstoff. Die Wasserstoffanlage des Jardin d'Acclimatation hatte mir immer schlechte Dienste geleistet. Mit Beleuchtungsgas sollte ich frei sein, bei der Niederlassung meines Ballonbauers oder anderswo zu beginnen, wie ich es wünschte.

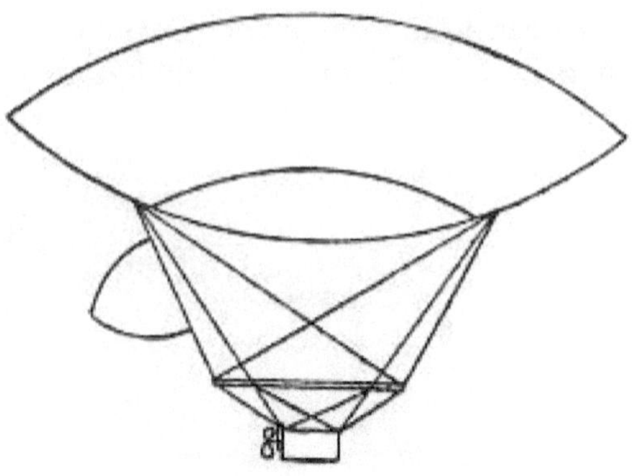

**Abb. 6**

Man sieht, dass ich mich weit von den zylindrischen Formen meiner ersten beiden Ballons entfernt habe. In Zukunft sagte ich mir, dass ich eine Verdoppelung zumindest vermeiden würde. Die rundere Form dieses Ballons ermöglichte es auch, auf den inneren Luftballon und seine Speiseluftpumpe zu verzichten, die im entscheidenden Moment zweimal ihre Funktion verweigert hatten. Sollte dieser kürzere und dickere Ballon Hilfe benötigen, um seine Form stabil zu halten, verließ ich mich auf die Versteifungswirkung einer 10 Meter langen Bambusstange (Abb. 6), die der Länge nach an den Aufhängeschnüren über meinem Kopf und direkt unter dem Ballon befestigt war .

Obwohl es sich noch nicht um einen echten Kiel handelte, stützte dieser Stangenkiel den Korb und das Führungsseil und brachte meine Gewichtsverlagerungen viel effektiver zum Einsatz.

Am 13. November 1899 startete ich mit der „Santos-Dumont Nr. 3" der Niederlassung in Vaugirard zu dem erfolgreichsten Flug, den ich je gemacht hatte.

**UNFALL MIT „Nr. 2", 11. MAI 1899
(DRITTE PHASE)**

Von Vaugirard aus ging es direkt zum Champ de Mars, den ich wegen seiner klaren, offenen Fläche ausgewählt hatte. Dort konnte ich nach Herzenslust die Luftnavigation üben – Kreise ziehen, in geraden Kursen vorausfahren, das Luftschiff durch Propellerkraft schräg nach oben und nach oben treiben und schräg nach unten schießen und so die Gewichtsverlagerung beherrschen. Aufgrund des größeren Abstands, den sie jetzt an den Enden des Polkiels hatten ( Abb. 6 ), funktionierten sie mit einer Wirksamkeit, die selbst mich in Erstaunen versetzte. Dies erwies sich als mein größter Triumph, denn mir war bereits klar, dass die zentrale Wahrheit des Luftschifffahrens immer lauten musste: „Absteigen ohne Verzicht auf Gas und Aufsteigen ohne Verzicht auf Ballast."

Während dieser ersten Umrundung des Champ de Mars dachte ich nicht besonders an den Eiffelturm. Er erschien mir höchstens als ein Denkmal, das es wert war, umrundet zu werden, und so umrundete ich ihn immer wieder in vorsichtiger Entfernung. Dann – noch immer ohne jede Vorstellung davon, was die Zukunft für mich bereithielt – nahm ich geradewegs Kurs auf den Parc des Princes, und *zwar fast genau auf derselben Linie, die zwei Jahre später die Preisstrecke von Deutsch markieren sollte* .

Ich steuerte den Parc des Princes an, weil es ein weiterer schöner offener Platz war. Dort angekommen wollte ich jedoch nicht absteigen, also machte ich einen Haken und navigierte zum Manövergelände von Bagatelle, wo ich schließlich landete, als Erinnerung an meinen Sturz im Vorjahr. Es war fast genau an der Stelle, an der die Drachenflieger an meinem Führungsseil gezogen und mich vor einer schlimmen Erschütterung bewahrt hatten. Denken Sie daran, dass zu diesem Zeitpunkt weder der Aéro Club noch ich über einen Ballonpark oder eine Ballonhalle verfügten, von der aus wir starten und zu der wir zurückkehren konnten.

Bei dieser Fahrt ging ich davon aus, dass meine Geschwindigkeit im Verhältnis zum Boden bei ruhiger Luft bis zu 25 Kilometer pro Stunde betragen hätte. Mit anderen Worten, ich flog mit dieser Geschwindigkeit durch die Luft, der Wind war stark, aber nicht heftig. Selbst wenn mich nicht sentimentale Gründe dazu veranlasst hätten, in Bagatelle zu landen, hätte ich gezögert, *mit dem Wind* zum Vaugirard-Ballonhaus zurückzukehren – selbst klein und schwer zugänglich und von allen Häusern eines geschäftigen Viertels umgeben. Die Landung in Paris ist im Allgemeinen für jede Art von Ballon gefährlich, inmitten von Schornsteinen, die seinen Bauch zu durchbohren drohen, und Ziegeln, die immer bereit sind, auf die Köpfe der Passanten geschleudert zu werden. Wenn in Zukunft Luftschiffe so verbreitet sein werden wie heute Automobile, müssen für sie in allen Teilen der Hauptstadt großzügige öffentliche und private Anlegestellen gebaut werden. Sie wurden bereits von Mr. Wells in seinem seltsamen Buch „When the Sleeper Wakes" vorhergesagt.

**UNFALL MIT „Nr. 2", 11. MAI 1899
(FINALE)**

Überlegungen dieser Art machten es für mich wünschenswert, eine eigene
Anlage zu haben. Ich brauchte ein Gebäude, in dem ich mein Luftschiff
zwischen den Reisen unterbringen konnte. Bisher hatte ich den Ballon am
Ende jeder Reise vollständig entleert, wie man es bei kugelförmigen Ballons
tun muss. Jetzt sah ich ganz andere Möglichkeiten für Luftschiffe. Das
Bedeutsame war die Tatsache, dass meine „Nr. 3" am Ende ihrer ersten
langen Reise so wenig (oder vielleicht gar kein) Gas verloren hatte, dass ich
sie gut über Nacht hätte unterbringen und am nächsten Tag wieder damit
hätte hinausfahren können.
Ich hatte nicht mehr den geringsten Zweifel am Erfolg meiner Erfindung.
Ich sah voraus, dass der Luftschiffbau für mich eine Art Lebensaufgabe sein
würde. Ich würde eine eigene Werkstatt, ein eigenes Ballonhaus, eine
Wasserstoffanlage und einen Anschluss an die Beleuchtungsgasleitungen
brauchen.
Der Aéro Club hatte gerade ein Stück Land an den neu eröffneten Côteaux
de Longchamps in St. Cloud erworben, und ich beschloss, darauf einen

großen Schuppen zu bauen, lang und hoch genug, um mein Luftschiff mit vollständig aufgeblasenem und ausgestattetem Ballon unterzubringen alle genannten Einrichtungen.

Dieser Flugplatz, den ich auf eigene Kosten baute, war 30 Meter lang (100 Fuß), 7 Meter (25 Fuß) breit und 11 Meter (36 Fuß) hoch. Selbst hier hatte ich mit der Eitelkeit und dem Vorurteil der Handwerker zu kämpfen, die mir bereits im Jardin d'Acclimatation so viel Ärger bereitet hatten. Es wurde erklärt, dass die Schiebetüren meines Flugplatzes aufgrund ihrer Größe nicht verschiebbar seien. Ich musste darauf bestehen. „Folgen Sie meinen Anweisungen", sagte ich, „und machen Sie sich keine Gedanken über ihre Praktikabilität!" Obwohl die Männer ihren eigenen Lohn genannt hatten, dauerte es lange, bis ich ihre eitle Sturheit überwinden konnte. Als sie fertig waren, funktionierten die Türen natürlich. Drei Jahre später hatte der Flugplatz, den der Fürst von Monaco nach meinen Plänen für mich baute, noch größere Schiebetüren.

Während dieses erste meiner Ballonhäuser im Bau war, unternahm ich mit der „Nr. 3" eine Reihe weiterer erfolgreicher Reisen. Beim letzten Mal verlor ich das Ruder und landete glücklicherweise auf der Ebene von Ivry. Ich reparierte die „Nr. 3" nicht. Ihr Ballon war zu plump geformt und ihr Motor zu schwach. Ich hatte jetzt meinen eigenen Flugplatz und eine eigene Gasanlage. Ich wollte ein neues Luftschiff bauen, mit dem ich über längere Zeiträume und mit mehr Methode experimentieren konnte.

**BEGINN VON „Nr. 3", 13. NOVEMBER 1899**

# KAPITEL XI
## DER AUSSTELLUNGSSOMMER

Die Ausstellung von 1900 mit ihren wissenschaftlichen Kongressen rückte näher. Da der Internationale Aeronautikkongress für den Monat September angesetzt war, beschloss ich, dass das neue Luftschiff bereit sein sollte, um dort vorgeführt zu werden.

Dies war mein „Nr. 4", fertiggestellt am 1. August 1900, und von allen meinen Luftschiffen das mit Abstand bekannteste der Welt. Das ist auf die Tatsache zurückzuführen, dass die Zeitungen auf der ganzen Welt, als ich fast achtzehn Monate später und in einer ganz anderen Form den Deutsch-Preis gewann, alte Ausschnitte dieser „Nr. 4" herausbrachten, die sie in den Akten aufbewahrt hatten.

Es war das Luftschiff mit dem Fahrradsattel. Darin kam die 10 Meter lange Bambusstange meiner „Nr. 3" einem echten Kiel näher, da sie nicht mehr über meinem Kopf hing, sondern durch vertikale und horizontale Querstücke und ein System von verstärkt wurde Straff gespannte Schnüre, in sich gehaltener Motor, Propeller und Verbindungsmaschinen, Erdölreservoir, Ballast und Navigator in einer Art Spinnennetz ohne Korb (siehe Foto, Seite 135).

Ich musste inmitten des Spinnennetzes unterhalb des Ballons auf dem Sattel eines Fahrradrahmens sitzen, den ich darin eingebaut hatte. Das Fehlen des traditionellen Ballonkorbs schien mich also rittlings auf einer Stange inmitten eines Durcheinanders von Seilen, Rohren und Maschinen zurückzulassen. Trotzdem war das Gerät sehr praktisch, denn um diesen Fahrradrahmen herum hatte ich Schnüre zur Steuerung der sich bewegenden Gewichte, zum Zünden des elektrischen Funkens des Motors, zum Öffnen und Schließen der Ventile des Ballons, zum Auf- und Zudrehen der Wasserballastzapfen und vieles mehr andere Funktionen des Luftschiffs. Unter meinen Füßen hatte ich die Startpedale eines neuen 7-PS-Erdölmotors, der einen Propeller mit zwei Flügeln von jeweils 4 Metern (13 Fuß) Breite antreibt. Sie bestanden aus Seide, waren über Stahlplatten gespannt und sehr stark. Zum Lenken ruhten meine Hände auf dem Fahrradlenker, der mit meinem Ruder verbunden war.

## „SANTOS-DUMONT Nr. 4“

Darüber spannte sich der Ballon, 39 Meter (129 Fuß) lang, mit einem mittleren Durchmesser von 5,10 Metern (17 Fuß) und einem Gasfassungsvermögen von 420 Kubikmetern (fast 15.000 Kubikfuß). In seiner Form war er ein Kompromiss zwischen den schlanken Zylindern meiner ersten Konstruktionen und der plumpen Kompaktheit der „Nr. 3“. (Siehe Abb. 7.) Aus diesem Grund hielt ich es für ratsam, ihm einen inneren Ausgleichsluftballon zu geben, der von einem Rotationsventilator wie dem der „Nr. 2“ gespeist wurde, und da der Ballon kleiner war als sein Vorgänger, musste ich wieder auf Wasserstoff zurückgreifen, um genügend Auftriebskraft zu erhalten. Im Übrigen gab es keinen Grund mehr, warum ich nicht Wasserstoff verwenden sollte. Ich hatte jetzt meinen eigenen Wasserstoffgasgenerator, und meine „Nr. 4“, sicher auf dem Flugplatz untergebracht, konnte wochenlang aufgeblasen bleiben.

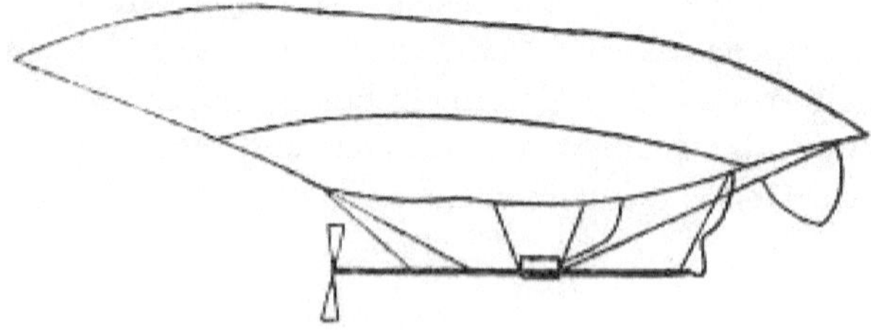

**Abb. 7**

Bei der „Santos-Dumont, Nr. 4“ habe ich auch das Experiment versucht, den Propeller am Heck statt am Heck des Luftschiffs anzubringen. Also wurde die Schraube vorne am Kiel der Stange befestigt und gezogen, anstatt sie durch die Luft zu drücken. Der neue 7-PS-Motor mit zwei Zylindern drehte ihn mit einer Geschwindigkeit von 100 Umdrehungen pro Minute und erzeugte von einem festen Punkt aus eine Zugkraft von etwa 30 Kilogramm (66 Pfund).

Der Mastkiel mit seinen Querstücken, dem Fahrradrahmen und der Mechanik wog schwer. Obwohl der Ballon mit Wasserstoff gefüllt war, konnte ich daher nicht mehr als 50 Kilogramm Ballast aufnehmen.

Im August und September 1900 führte ich auf dem Gelände des Aero Clubs in St. Cloud fast täglich Experimente mit diesem neuen Luftschiff durch, doch mein denkwürdigster Versuch fand am 19. September in Anwesenheit der Mitglieder des Internationalen Aeronautikkongresses statt. Obwohl ein Unfall mit meinem Ruder mich im letzten Moment daran hinderte, vor diesen Wissenschaftlern einen freien Aufstieg zu machen, hielt ich mich dennoch gegen einen sehr starken Wind, der zu dieser Zeit wehte, und gab ihnen, was sie konnten, eine zufriedenstellende Demonstration der Wirksamkeit eines Luftpropellers, der von einem Petroleummotor angetrieben wurde, ab.

**MOTOR DER "NR. 4"**

Ein angesehenes Mitglied des Kongresses, Professor Langley, wollte einige Tage später bei einem meiner üblichen Prozesse anwesend sein, und ich erhielt von ihm die herzlichste Ermutigung.

Das Ergebnis dieser Versuche war jedoch, dass ich beschloss, die Leistung des Propellers durch die Einführung des Vierzylinder-Benzinmotors ohne Wassermantel zu verdoppeln, d . Der neue Motor wurde mir sehr zeitnah geliefert und ich machte mich sofort daran, das Luftschiff daran anzupassen. Aufgrund seines zusätzlichen Gewichts musste ich entweder einen neuen Ballon bauen oder den alten vergrößern. Ich habe den letteren Kurs ausprobiert. Ich schnitt den Ballon in zwei Hälften und ließ ein Stück hineinstecken, so wie man ein Blatt in einen Anschiebetisch legt. Dadurch betrug die Länge des Ballons 33 Meter (109 Fuß). Dann stellte ich fest, dass der Flugplatz um 3 Meter (10 Fuß) zu kurz war, um ihn aufzunehmen. Im Hinblick auf zukünftige Anforderungen habe ich die Länge um 4 Meter (13 Fuß) erhöht.

Motor, Ballon und Schuppen wurden in fünfzehn Tagen umgebaut. Die Ausstellung war noch geöffnet, aber die Herbstregen hatten eingesetzt. Nachdem ich mit dem mit Wasserstoff gefüllten Ballon zwei Wochen bei schlechtestem Wetter gewartet hatte, ließ ich das Gas ab und begann mit dem Motor und dem Propeller zu experimentieren. Es war keine verlorene Zeit, denn als ich die Geschwindigkeit des Propellers auf 140 Umdrehungen pro Minute erhöhte, stellte ich von einem festen Punkt aus eine Zugkraft von 55 Kilogramm (120 Pfund) fest. Tatsächlich drehte sich der Propeller mit solcher Kraft, dass ich in seinem kalten Luftstrom eine Lungenentzündung bekam.

Ich begab mich wegen der Lungenentzündung nach Nizza und dort, während ich mich erholte, kam mir eine Idee.

Diese neue Idee nahm die Form meines ersten echten Luftschiffkiels an.

In einer kleinen Tischlerwerkstatt in Nizza habe ich es mit meinen eigenen Händen gefertigt – ein langes, dreieckiges Kiefernholzgerüst von großer Leichtigkeit und Festigkeit. Obwohl es 18 Meter (59½" Fuß) lang war, wog es nur 41 Kilogramm (90 Pfund). Seine Verbindungen waren aus Aluminium, und um seine Leichtigkeit und Festigkeit zu gewährleisten, damit es der Luft weniger Widerstand bietet und weniger anfällig für hygrometrische Schwankungen ist, kam ich auf die Idee, es mit straff gespannten Klavierdrähten statt mit Kordeln zu verstärken.

**BESUCH VON PROFESSOR LANGLEY**

Dann folgte eine Idee, die sich als völlig neu in der Luftfahrt herausstellte. Ich fragte mich, warum ich nicht für alle meine Luftballonaufhängungen denselben Klavierdraht anstelle der Schnüre und Seile verwenden sollte, die bis dahin in allen Ballonarten verwendet wurden. Ich tat es, und die Neuerung erwies sich als besonders wertvoll. Diese Klavierdrähte mit einem Durchmesser von 8/10 Millimetern (0,032 Zoll) haben einen hohen Bruchkoeffizienten und eine so dünne Oberfläche, dass ihr Ersatz für die gewöhnlichen Schnuraufhängungen einen größeren Fortschritt darstellt als so manches auffälligere Gerät. Tatsächlich wurde berechnet, dass die Schnuraufhängungen der Luft fast so viel Widerstand entgegensetzten wie der Ballon selbst.

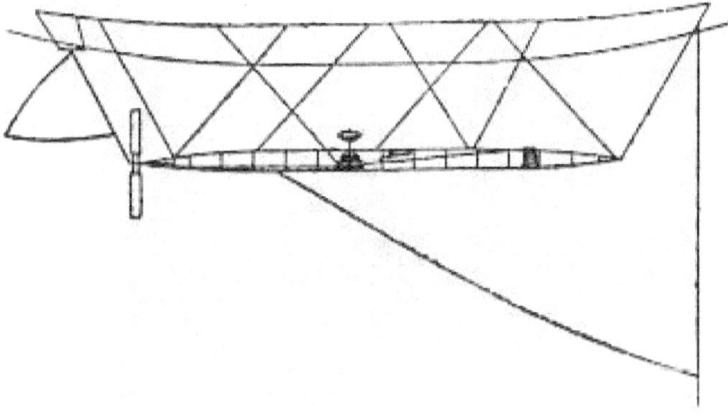

**Abb. 8**

Am Heck dieses Luftschiffkiels brachte ich meinen Propeller wieder an. Ich hatte keinen Vorteil daraus gezogen, ihn vor „Nr. 4" anzubringen, wo er das freie Gleiten des Führungsseils tatsächlich behinderte. Der Propeller wurde nun von einem neuen 12-PS-Vierzylindermotor ohne Wassermantel angetrieben, der über eine lange, hohle Stahlwelle geschaltet war. Ich platzierte diesen Motor in der Mitte des Kiels und balancierte sein Gewicht aus, indem ich mich in meinem Korb weit nach vorne setzte, während das Führungsseil an einem noch weiter vorne liegenden Punkt hing (Abb. 8). In einiger Entfernung befestigte ich daran das Ende einer leichteren Schnur, die zu einer Rolle führte, die im hinteren Teil des Kiels befestigt war, und von dort zu meinem Korb, wo ich es bequem in meiner Hand befestigte. So ließ ich das Führungsseil die Arbeit des Gewichtsverschiebens übernehmen. Stellen Sie sich zum Beispiel vor, dass ich auf einem geraden horizontalen Kurs (wie in Abb. 8) aufsteigen wollte. Ich müsste nur den Schieber des Führungsseils einziehen. Es würde das Führungsseil selbst zurückziehen ( Abb. 9 ) und dadurch den Schwerpunkt des gesamten Systems entsprechend weit nach hinten verlagern. Der Bug des Luftschiffs würde sich heben (wie in Abb. 9 ) und folglich würde mich meine Propellerkraft entlang der neuen Diagonale nach oben drücken.

**"Nr. 4." FLUG VOR PROFESSOR LANGLEY**

Das Ruder wurde wie üblich am Heck befestigt, und Wasserballastbehälter, zusätzliche Ausgleichsgewichte, Petroleumbehälter und die anderen Teile der Maschinerie wurden gut ausbalanciert im neuen Kiel untergebracht. Zum ersten Mal bei diesen Experimenten und auch zum ersten Mal in der Luftfahrt verwendete ich flüssigen Ballast. Zwei sehr dünne Messingbehälter mit einem Gesamtvolumen von 54 Litern (12 Gallonen) wurden mit Wasser gefüllt und wie oben beschrieben im Kiel zwischen Motor und Propeller befestigt. Ihre beiden Hähne wurden so angeordnet, dass sie von meinem Korb aus mit Hilfe von zwei Stahldrähten geöffnet und geschlossen werden konnten.

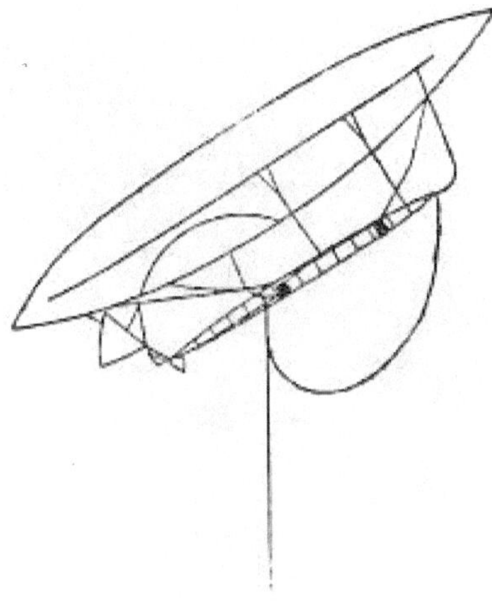

**Abb. 9**

Bevor dieser neue Kiel am vergrößerten Ballon meiner „Nr. 5" angebracht wurde, hatte mir die Wissenschaftliche Kommission des Pariser Aéro-Clubs in Anerkennung meiner im Jahr 1900 geleisteten Arbeit den von M. Deutsch gestifteten Förderpreis verliehen (de la Meurthe) und besteht aus den jährlichen Zinsen auf 100.000 Franken. Um andere dazu zu bewegen, sich dem schwierigen und teuren Problem des Luftballonfahrens zu widmen, habe ich dem Aéro Club diese 4000 Francs zur Verfügung gestellt, um einen neuen Preis zu gründen. Ich habe die Bedingungen für den Gewinn sehr einfach gemacht:

„Der Santos-Dumont-Preis wird an den Aeronauten verliehen, der Mitglied des Paris Aéro Club ist, und nicht an den Stifter dieses Preises, der zwischen dem 1. Mai und dem 1. Oktober 1901 vom Parc d'Aerostation in St. Cloud aus startet Drehen Sie den Eiffelturm um und kehren Sie am Ende beliebiger Zeit zum Ausgangspunkt zurück, ohne den Boden berührt zu haben, und mit seinen eigenständigen Mitteln allein an Bord.

„Wenn der Santos-Dumont-Preis im Jahr 1901 nicht gewonnen wird, bleibt er im folgenden Jahr offen, immer vom 1. Mai bis zum 1. Oktober und so weiter, bis er gewonnen wird."

Der Aéro Club unterstrich die Bedeutung eines solchen Wettbewerbs, indem er beschloss, dem Gewinner des Santos-Dumont-Preises seine höchste Auszeichnung, eine Goldmedaille, zu verleihen, wie aus seinem damaligen Protokoll hervorgeht. Seitdem verbleiben die 4000 Francs in der Schatzkammer des Clubs.

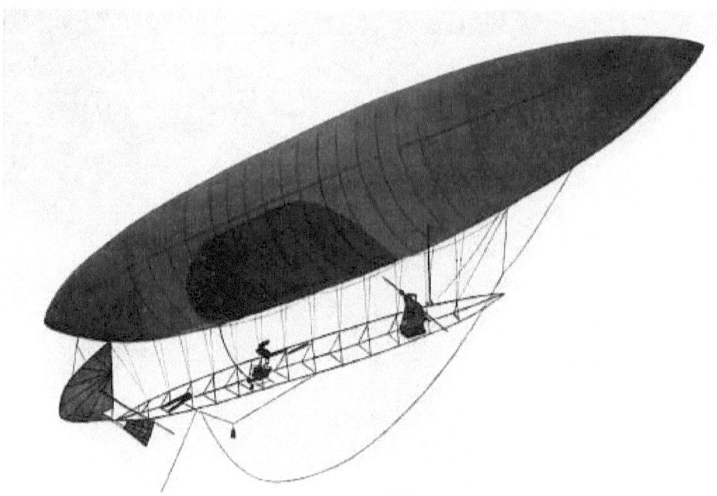

**"SANTOS-DUMONT Nr. 5"**

# KAPITEL XII
## DER DEUTSCH-PREIS UND SEINE PROBLEME

Dies bringt mich zum Deutsch-Preis für Luftnavigation, der im Frühjahr 1900 verliehen wurde, als ich meine „Nr. 3" navigierte und nachdem ich mindestens einmal – völlig unwissentlich – ihren genauen Kurs vom Eiffelturm zur Seine bei Bagatelle gesteuert hatte (siehe Seite 127).

Dieser von M. Deutsch (de la Meurthe), einem Mitglied des Paris Aéro Club, gestiftete Preis in Höhe von 100.000 Francs sollte von der wissenschaftlichen Kommission dieser Organisation an den ersten lenkbaren Ballon oder das erste Luftschiff verliehen werden, das zwischen dem 1. Mai und ... 1. Oktober 1900, 1901, 1902, 1903 und 1904 sollten sich vom Parc d'Aerostation des Aéro Club in St. Cloud erheben und, ohne den Boden zu berühren und allein an Bord eine geschlossene Kurve beschreiben so, dass sich die Achse des Eiffelturms im Inneren der Rennstrecke befindet und in maximal einer halben Stunde zum Ausgangspunkt zurückkehrt. Sollten mehr als einer die Aufgabe im selben Jahr erfüllen, waren die 100.000 Franken im Verhältnis der jeweiligen Zeiten aufzuteilen.

Die wissenschaftliche Kommission des Aéro Clubs war ausdrücklich zu dem Zweck benannt worden, diese und andere Bedingungen der Stiftung zu formulieren, die sie für angemessen hielt, und aufgrund einiger dieser Bedingungen hatte ich keinen Versuch unternommen, mit meinem „Santos-Dumont" den Preis zu gewinnen , Nummer 4." Die Strecke vom Parc d'Aerostation des Aéro Clubs zum Eiffelturm und zurück betrug 11 Kilometer (fast 7 Meilen), und diese Strecke, *plus die Wende um den Turm*, muss in dreißig Minuten zurückgelegt werden. Das bedeutete bei vollkommener Windstille eine erforderliche Geschwindigkeit von 25 Kilometern pro Stunde für die geraden Strecken – eine Geschwindigkeit, die ich in meinem „Nr. 4."

Eine weitere von der Wissenschaftlichen Kommission formulierte Bedingung war, dass ihre Mitglieder, die die Richter aller Prozesse sein sollten, vierundzwanzig Stunden vor jedem Versuch benachrichtigt werden mussten. Natürlich würde die Wirkung einer solchen Bedingung darin bestehen, alle Minutenzeitberechnungen, die entweder auf einer gegebenen Geschwindigkeitsrate bei völliger Windstille oder auf einer Luftströmung basieren, die 24 Stunden vor der Probestunde vorherrschen könnte, so weit wie möglich zunichte zu machen. Obwohl Paris in einem Becken liegt, das auf allen Seiten von Hügeln umgeben ist, sind seine Luftströmungen besonders variabel und plötzliche meteorologische Veränderungen sind äußerst häufig.

Ich sah auch voraus, dass ein Teilnehmer, der erst einmal den formellen Akt der Einberufung einer wissenschaftlichen Kommission an einem Hang der

Seine, so weit von Paris entfernt wie in St. Cloud, vollzogen hatte, einer Art moralischem Druck ausgesetzt sein würde, seinen Versuch fortzusetzen, ganz gleich, wie stark die Luftströmungen zugenommen hatten und welches Wetter – nass, trocken oder einfach nur feucht – er auch vorfinden würde.

Auch dieser moralische Druck, den Prozess wider besseres Wissen des Aeronauten fortzusetzen, muss sich sogar auf den Fall einer unglücklichen Veränderung des Zustands des Luftschiffs selbst erstrecken. Man ruft nicht umsonst eine Schar prominenter Persönlichkeiten an ein fernes Flussufer, doch in den vierundzwanzig Stunden zwischen Benachrichtigung und Verhandlung könnte sogar ein gut beobachteter, länglicher Ballon unbemerkt ein wenig von seiner Straffheit verlieren. Ein Vorversuch am Vortag könnte einen so unsicheren Motor wie den Erdölmotor des Jahres 1900 leicht aus dem Gleichgewicht bringen. Und schließlich sah ich, dass der Konkurrent aus Höflichkeit daran gehindert sein würde, die Kommission genau zu der für Luftballonexperimente günstigsten Stunde einzuberufen über Paris – die Ruhe der Morgendämmerung. Der Duellant mag zu dieser heiligen Stunde seine Freunde rufen, nicht jedoch den Luftschiffkapitän.

Bei der Stiftung des Santos-Dumont-Preises mit den 4000 Francs, die mir der Aero Club für meine Arbeit im Jahr 1900 verliehen hatte, stellte ich übrigens keine derartigen Bedingungen. Ich wollte den Versuch nicht durch die Auferlegung einer Mindestgeschwindigkeit, die Kontrolle durch ein spezielles Komitee oder eine Beschränkung der Versuchszeit während des Tages erschweren. Ich war überzeugt, dass es selbst unter den weitesten Bedingungen eine große Sache wäre, zum Ausgangspunkt zurückzukehren, nachdem man einen im Voraus öffentlich ausgewiesenen Posten erreicht hatte – etwas, das vor dem Jahr 1901 undenkbar war.

Die Bedingungen des Santos-Dumont-Preises ließen den Teilnehmern daher die Freiheit, den für sie am wenigsten ungünstigen Luftzustand zu wählen, beispielsweise die Ruhe am späten Abend oder am frühen Morgen. Ich würde ihnen auch nicht die möglichen Überraschungen einer Wartezeit zwischen der Einberufung und der Sitzung einer wissenschaftlichen Kommission bereiten, die in meinen Augen in diesen Tagen, in denen die Armee der Zeitungsreporter einer großen Hauptstadt immer mobilisierungsbereit ist, in meinen Augen völlig unnötig ist ohne Vorankündigung, zu jeder Zeit und an jedem Ort, nur auf die bloße Aussicht auf Neuigkeiten angewiesen. Die Zeitungsmänner von Paris würden meine wissenschaftliche Kommission sein.

## "Nr. 5." VERLASSEN DES AËRO CLUB-GELÄNDES, 12. JULI 1901

Da ich mich von der Bewerbung um den Santos-Dumont-Preis ausgeschlossen hatte, wollte ich natürlich zeigen, dass es nicht unmöglich sein würde, die Bedingungen zu erfüllen. Meine „Nr. 5" – bestehend aus dem vergrößerten Ballon der „Nr. 4" und dem bereits beschriebenen neuen Kiel, Motor und Propeller – war nun bereit für die Erprobung. Damit habe ich im ersten Anlauf die Bedingungen meiner eigenen Preisstiftung erfüllt.

Dies geschah am 12. Juli 1901, nach einem Übungsflug am Vortag. Um 4.30 UHR steuerte ich mein Luftschiff vom Park des Aéro Club in St. Cloud zur Rennbahn von Longchamps. Ich nahm mir in diesem Moment nicht die Zeit, den Jockey Club um Erlaubnis zu bitten, der mir jedoch einige Tage später diesen bewundernswerten offenen Raum zur Verfügung stellte. Zehnmal hintereinander umrundete ich die Strecke von Longchamps und hielt jedes Mal an einem vorher festgelegten Punkt an.

Nach diesen ersten Etappen, die insgesamt eine Strecke von etwa 35 Kilometern (22 Meilen) ausmachten, machte ich mich auf den Weg nach Puteaux, und nach einem Ausflug von etwa 3 Kilometern (2 Meilen), den ich in neun Minuten zurücklegte, steuerte ich wieder zurück nach Longchamps

.

Zu diesem Zeitpunkt war ich mit der Lenkbarkeit meiner „Nr. 5" so zufrieden, dass ich mich auf die Suche nach dem Eiffelturm machte. Es war im Nebel des Morgens verschwunden, aber seine Richtung war mir wohlbekannt, also steuerte ich so gut ich konnte darauf zu.

In zehn Minuten war ich bis auf 200 Meter (40 Ruten) an das Champ de Mars herangekommen. In diesem Moment riss eines der Seile, mit denen ich mein Ruder steuerte. Es war unbedingt notwendig, es sofort zu reparieren, und dazu musste ich auf die Erde hinabsteigen. Mit vollkommener Leichtigkeit zog ich das Führungsseil nach vorne, verlagerte meinen Schwerpunkt und ließ das Luftschiff diagonal nach unten gleiten, sodass es sanft in den Trocadero-Gärten landete. Gutmütige Arbeiter liefen aus allen Richtungen auf mich zu.

„Brauche ich etwas?", fragten sie.

Ja, ich brauchte eine Leiter. Und in kürzerer Zeit, als es dauert, dies zu schreiben, wurde eine Leiter gefunden und in Position gebracht. Während zwei dieser diskreten und intelligenten Freiwilligen sie hielten, kletterte ich etwa zwanzig Runden bis zur Spitze und konnte die beschädigte Ruderverbindung reparieren.

# "Nr. 5." RÜCKKEHR VOM EIFFELTURM

Ich startete wieder, stieg diagonal auf die von mir gewählte Höhe, umrundete den Eiffelturm in einem weiten Bogen und kehrte ohne weitere Zwischenfälle auf geradem Kurs nach Longchamps zurück, nachdem die Reise, einschließlich des Zwischenstopps für Reparaturen, eine Stunde und sechs Minuten gedauert hatte. Nach ein paar Minuten Unterhaltung flog ich dann zurück zum Flugplatz St. Cloud, überquerte die Seine in einer Höhe von 200 Metern (über 600 Fuß) und stellte das noch immer perfekt aufgeblasene Luftschiff in seinem Schuppen unter, als wäre es ein einfaches Automobil.

# KAPITEL XIII
## EIN FALL VOR DEM AUFSTIEG

Meine „Nr. 5" hatte sich als so viel wirkungsvoller erwiesen als ihre Vorgänger, dass ich nun den Mut fand, mich für den Deutschpreis-Wettbewerb anzumelden.

Nachdem ich diesen entscheidenden Schritt getan hatte, berief ich umgehend die wissenschaftliche Kommission des Aéro-Clubs zu einem vorschriftsmäßigen Versuch ein.

UHR auf dem Gelände des Aéro Clubs in St. Cloud. Um 6.41 Uhr startete ich. Ich umrundete den Eiffelturm in der zehnten Minute und kam gegen einen unerwarteten Gegenwind zurück. In der vierzigsten Minute erreichte ich die Zeitnehmer in St. Cloud in einer Höhe von 200 Metern und nach einem schrecklichen Kampf mit den Elementen.

**"Nr. 5." UNFALL IM PARK VON M. EDMOND DE ROTHSCHILD**

Gerade in diesem Augenblick stoppte mein launischer Motor, und das Luftschiff, seiner Kraft beraubt, wurde weggetragen und stürzte auf den höchsten Kastanienbaum im Park von M. Edmond de Rothschild. Die Bewohner und Bediensteten der Villa, die angerannt kamen, stellten sich ganz natürlich vor, dass das Luftschiff zerstört sein und mich wahrscheinlich verletzt haben würde. Sie waren erstaunt, mich in meinem Korb hoch oben im Baum stehen zu sehen, während der Propeller den Boden berührte. Angesichts der Kraft, mit der der Wind wehte, als ich auf der Zielgeraden mit ihm kämpfte, war ich selbst überrascht, wie wenig der Ballon zerrissen war. Dennoch war alles Gas aus ihm verschwunden.

Dies geschah ganz in der Nähe des Hauses der Prinzessin Isabel, Comtesse d'Eu, die, als sie von meiner Notlage hörte und erfuhr, dass ich einige Zeit damit verbringen musste, das Luftschiff abzukoppeln, mir ein Mittagessen in meinen Baum schickte eine Einladung, zu kommen und ihr die Geschichte meiner Reise zu erzählen. Als die Geschichte zu Ende war, sagte die Tochter von Dom Pedro zu mir:

„Ihre Entwicklungen in der Luft lassen mich an den Flug unserer großen Vögel Brasiliens denken. Ich hoffe, dass Sie mit Ihrem Propeller genauso gut zurechtkommen wie mit ihren Flügeln und dass Sie zum Ruhm unseres gemeinsamen Landes erfolgreich sein werden."

Ein paar Tage später erhielt ich folgenden Brief:

*„ 1. August 1901.*

„ MONSIEUR SANTOS-DUMONT , – Hier ist eine Medaille des Heiligen Benedikt, die vor Unfällen schützt.

„Akzeptieren Sie es und tragen Sie es an Ihrer Uhrkette, in Ihrem Kartenetui oder um den Hals.

„Ich sende es Ihnen im Gedanken an Ihre gute Mutter und bete zu Gott, dass er Ihnen immer beisteht und Sie zum Ruhm unseres Landes arbeiten lässt.

(Unterzeichnet) „ ISABEL, COMTESSE D'EU. "

Da in den Zeitungen oft von meinem „Armband" die Rede war, kann ich sagen, dass die dünne Goldkette, aus der es besteht, lediglich das Mittel ist, mit dem ich diese Medaille, die mir so viel bedeutet, tragen kann.

## EIN UNFALL

Das Luftschiff insgesamt wurde angesichts der Stärke des Windes und der Art des Unfalls kaum beschädigt. Als es wieder zum Herausnehmen bereit war, hielt ich es dennoch für ratsam, mehrere Versuche damit auf dem Rasen der Rennbahn von Longchamps zu machen. Einen dieser Versuche möchte ich erwähnen, weil er mir – etwas Seltenes – eine ziemlich genaue Vorstellung von der Geschwindigkeit des Luftschiffs bei vollkommener Ruhe gab. Bei dieser Gelegenheit folgte mir Herr Maurice Farman in seinem Auto in der zweiten Geschwindigkeit über die Rennbahn. Seine Schätzung lag bei 26 bis 30 Kilometern pro Stunde, wenn mein Führungsseil schleift. Wenn das Führungsseil schleift, wirkt es natürlich genau wie eine Bremse. Wie stark es einen zurückhält, hängt von der tatsächlichen Länge ab Unsere damalige Berechnung lag bei etwa 5 Kilometern pro Stunde, womit ich eine Geschwindigkeit von 30 bis 35 Kilometern pro Stunde erreicht hätte. Das alles hat mich ermutigt einen weiteren Versuch für den Deutsch-Preis zu machen.

Und nun erreiche ich einen schrecklichen Tag – den 8. August 1901. Um 6.30 UHR machte ich mich im Beisein der wissenschaftlichen Kommission des Aéro Club erneut auf den Weg zum Eiffelturm.

Nach neun Minuten bog ich um den Turm herum und machte mich auf den Weg zurück nach St. Cloud. aber mein Ballon verlor Wasserstoff durch eines seiner beiden automatischen Gasventile, deren Feder versehentlich geschwächt worden war.

Ich hatte den Beginn dieses Gasverlusts bereits bemerkt, bevor ich den Eiffelturm erreichte, und normalerweise hätte ich in einem solchen Fall sofort zur Erde kommen sollen, um die Läsion zu untersuchen. Aber hier kämpfte ich um einen Ehrenpreis, und meine Geschwindigkeit war gut. Deshalb habe ich es riskiert, weiterzumachen.

Der Ballon ist nun sichtbar geschrumpft. Als ich wieder bei den Befestigungsanlagen von Paris in der Nähe von La Muette ankam, hingen die Aufhängungsdrähte so stark durch, dass diejenigen, die dem Schraubenpropeller am nächsten waren, sich darin verfingen, als dieser sich drehte.

Ich sah, wie der Propeller an den Drähten schnitt und riss. Ich habe den Motor sofort gestoppt. Daraufhin wurde das Luftschiff durch den starken Wind sofort zum Turm zurückgetrieben.

Gleichzeitig fiel ich. Der Ballon hatte viel Gas verloren. Ich hätte Ballast abwerfen und den Fall erheblich abmildern können, aber dann hätte der Wind Zeit gehabt, mich zurück auf den Eiffelturm zu blasen. Ich zog es daher vor, das Luftschiff einfach so fallen zu lassen, wie es fiel. Denen, die es vom Boden aus beobachteten, mag es wie ein schrecklicher Sturz vorgekommen sein, aber für mich war das Schlimmste das fehlende Gleichgewicht des Luftschiffs. Der halbleere Ballon, der mit seinem leeren Ende flatterte, wie ein Elefant mit seinem Rüssel wedelt, ließ den Bug des Luftschiffs in einem beunruhigenden Winkel nach oben zeigen. Meine größte Angst war daher, dass die ungleiche Spannung der Aufhängungsdrähte sie nacheinander brechen und mich so zu Boden stürzen lassen würde.

Warum flatterte der Ballon mit leerem Ende und verursachte all diese zusätzliche Gefahr? Wie kam es, dass der Rotationsventilator seinen Zweck nicht erfüllte, indem er den inneren Luftballon speiste und auf diese Weise den ihn umgebenden Gasballon aufblähte? Die Antwort muss in der Art des Unfalls gesucht werden. Der Rotationsventilator funktionierte nicht mehr, als der Motor selbst stoppte, und ich war gezwungen, den Motor anzuhalten, um zu verhindern, dass der Propeller die Aufhängungsdrähte in der Nähe zerriss, als der Ballon aufgrund von Gasverlust zum ersten Mal durchzuhängen begann. Zwar reichte das damals laufende Beatmungsgerät nicht aus, um das erste Durchhängen zu verhindern. Möglicherweise ließ sich der Luftballon im Inneren nicht richtig füllen. Als mein Ballonkonstrukteur am Tag nach dem Unfall wegen der Pläne für eine Ballonhülle „Nr. 6" zu mir kam, entnahm ich einer Aussage, dass die Innenluft des Ballons „Nr Der Lack muss trocknen, bevor er angepasst wird. Möglicherweise ist er zusammengeklebt oder an den Seiten oder am Boden des äußeren Ballons festgeklebt. Das sind die Belohnungen der Eile.

Ich fiel. Gleichzeitig trug mich der Wind in Richtung Eiffelturm. Er hatte mich bereits so weit getragen, dass ich erwartete, auf dem Seine-Ufer hinter dem Trocadero zu landen. Mein Korb und der gesamte Kiel hatten die Trocadero-Hotels bereits passiert, und wäre mein Ballon kugelförmig gewesen, hätte auch er das Gebäude passiert. Aber jetzt, im letzten kritischen Moment, knallte das Ende des langen Ballons, der noch mit Gas gefüllt war, auf das Dach, kurz bevor es es passiert hatte. Es explodierte mit einem lauten Geräusch – genau wie eine Papiertüte, die nach dem Aufblasen aufschlägt. Dies war die „furchtbare Explosion", von der die Zeitungen damals berichteten.

Ich hatte mich bei meiner Einschätzung der Windstärke um ein paar Meter geirrt. Anstatt auf das Ufer der Seine zu fallen, hing ich nun in meinem Weidenkorb hoch oben im Hof des Trocadero-Hotels, gestützt vom Kiel meines Luftschiffs, der in einem Winkel von etwa 45 Grad zwischen den Ufern stand darüber die Hofmauer und weiter unten das Dach einer niedrigeren Konstruktion. Der Kiel hielt trotz meines Gewichts, des Motors und der Maschine und der Erschütterung, die er beim Fallen erlitten hatte, wunderbar stand. Die dünnen Kiefernholzbalken und Klavierdrähte von Nizza hatten mir das Leben gerettet!

**PHASE EINES UNFALLS**

Nach einer scheinbar ermüdenden Wartezeit sah ich, wie ein Seil vom Dach über mir herabgelassen wurde. Ich hielt mich daran fest und wurde hochgezogen, als ich erkannte, dass meine Retter die tapferen Feuerwehrmänner von Paris waren. Von ihrer Station in Passy aus hatten sie den Flug des Luftschiffes beobachtet. Sie hatten meinen Sturz gesehen und eilten sofort zur Stelle. Nachdem sie mich gerettet hatten, begannen sie mit der Rettung des Luftschiffs.

Die Operation war schmerzhaft. Die Reste der Ballonhülle und der Aufhängedrähte hingen kläglich herab, und es war unmöglich, sie außer in Streifen und Fragmenten zu lösen!

Ich entkam also – und vielleicht war meine Flucht knapp –, aber nicht der besonderen Gefahr, die ich während dieser Zeit der Versuche rund um den Eiffelturm immer im Kopf hatte. Ein Pariser Journalist sagte, wenn es den Eiffelturm nicht gäbe, hätte man ihn für die Zwecke der Luftfahrt erfinden müssen. Es stimmt, dass die Ingenieure, die sich auf seiner Spitze befinden, alle notwendigen Instrumente zur Beobachtung der Luft- und Wetterbedingungen zur Verfügung haben: Ihre Chronometer sind genau; und wie Professor Langley in einer Mitteilung an das Louisiana Purchase Exposition Committee sagte, machte die Position des Turms als zentrales Wahrzeichen, das für jeden aus beträchtlicher Entfernung sichtbar war, ihn zu einem einzigartigen Siegerposten für einen Flugwettbewerb. Ich selbst hatte ihn 1899 aus eigenem Antrieb in respektvoller Entfernung umrundet, bevor man von der Austragung des Deutsch-Preiswettbewerbs träumte. Doch keine dieser Überlegungen änderte die andere Tatsache, dass die Notwendigkeit, den Eiffelturm zu umrunden, dieser Aufgabe ein einzigartiges Gefahrenelement verlieh.

Ich fürchtete, dass ich in meinem Eifer, eine schnelle Wende zu machen, durch einen Steuerfehler oder durch den Einfluss eines unerwarteten Seitenwindes gegen den Turm geschleudert werden könnte. Der Aufprall würde meinen Ballon mit Sicherheit platzen lassen, und ich würde wie ein Stein zu Boden fallen. Auch die äußerste Vorsicht und Selbstbeherrschung bei einer weiten Kurve würden mich nicht vor der Gefahr schützen. Sollte mein kapriziöser Motor stehen bleiben, als ich mich dem Turm näherte – genau wie er stehen blieb, als ich am 13. Juli 1903 von meinem ersten Versuch in St. Cloud über die Köpfe der Zeitnehmer hinweggeflogen war – , wäre ich machtlos, das Luftschiff aufzuhalten.

Daher fürchtete ich mich immer vor der Wende um den Eiffelturm, weil ich sie als meine größte Gefahr ansah. Während ich mit meinen Luftschiffen nie danach strebe, in die Höhe zu fliegen – im Gegenteil, ich halte den Rekord für niedrige Höhen in einem Freiballon –, muss ich mich beim Überfliegen von Paris zwangsläufig über die Schornsteine und Türme hinweg bewegen und ihnen aus dem Weg gehen . Der Eiffelturm war meine einzige Gefahr, aber es war mein Gewinnerposten!

Das waren meine Ängste, als ich am Boden war; Während ich in der Luft war, hatte ich keine Zeit für Angst. Ich habe immer einen kühlen Kopf bewahrt. Allein im Luftschiff bin ich immer beschäftigt, denn es gibt mehr als genug Arbeit für einen Mann. Wie der Kapitän einer Yacht darf ich das Ruder keinen Augenblick loslassen. Wie sein Chefingenieur muss ich auf den Motor achten. Die Formsteifigkeit des Ballons muss erhalten bleiben. Und mit diesem wichtigen Detail ist das gesamte komplexe Problem der Höhe des Luftschiffs, der Manövrierfähigkeit des Führungsseils und der Gewichtsverlagerung, der Einsparung von Ballast und der Überwachung der am Motor angebrachten Luftpumpe verbunden. Neben all dieser Beschäftigung gibt es auch die große Freude, schnelle Bewegungen zu beherrschen. Die angenehmen Empfindungen der Luftnavigation, die ich in meinen ersten Luftschiffen erlebte, wurden in der kraftvollen „Nr. 5" noch verstärkt. Wie Herr Jaurès es treffend ausgedrückt hat, fühlte ich mich jetzt wie ein Mann in der Luft, der die Bewegung beherrschte. In meinen kugelförmigen Ballons hatte ich mich nur als Schatten eines Mannes gefühlt!

# KAPITEL XIV
## DAS GEBÄUDE MEINER „NR. 6"

Noch am Abend meines Sturzes auf das Dach des Trocadero-Hotels verteilte ich die Spezifikationen eines „Santos-Dumont, Nr. 6", und nach zweiundzwanzig Tagen ununterbrochener Arbeit war es fertig und aufgeblasen.

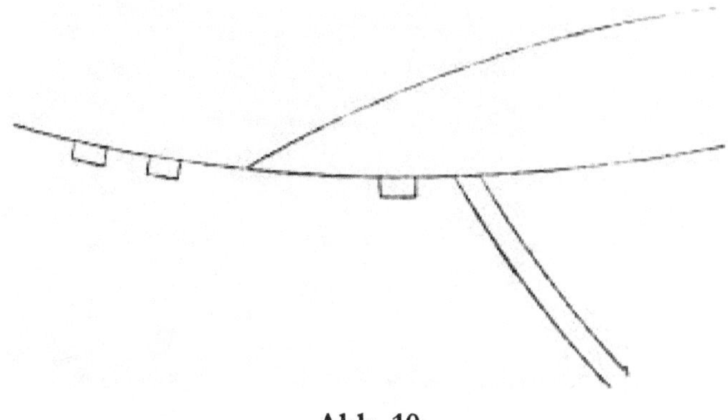

**Abb. 10**

Der neue Ballon hatte die Form eines länglichen Ellipsoids (Abb. 10), dessen große Achse 33 Meter (110 Fuß) und dessen kleine Achse 6 Meter (20 Fuß) betrug und der vorn und hinten durch Kegel abgeschlossen wurde.

**"Nr. 6." ERSTER AUSFLUG**

Ich achtete jetzt mehr denn je auf die Vorrichtungen, auf die ich angewiesen war, um die Formsteifheit des Ballons aufrechtzuerhalten. Ich war auf das Dach des Trocadero-Hotels gefallen, weil das kleinste und unbedeutendste Teil des Mechanismus des gesamten Systems verschuldet war – ein geschwächtes Ventil, das den Wasserstoff des Ballons abließ. In ganz ähnlicher Weise war der Absturz meines ersten Luftschiffes durch den Ausfall einer kleinen Luftpumpe verursacht worden.

Bei all meinen Konstruktionen, mit Ausnahme des dickbäuchigen Ballons der „Nr. 3", war ich weitgehend auf den inneren Ausgleichsluftballon ( Abb. 5 , Seite 119) angewiesen, der von einer Luftpumpe oder einem Rotationsventilator gespeist wurde. Dieser Ausgleichsluftballon, der wie eine geschlossene aufgesetzte Tasche an die Innenseite des großen Ballons genäht war, blieb flach und leer, solange der große Ballon mit seinem Gas aufgebläht blieb. Wenn dann Wasserstoff von Zeit zu Zeit durch Höhen- und Temperaturänderungen kondensieren könnte, würde die vom Motor angetriebene Luftpumpe oder der Ventilator beginnen, den

Ausgleichsluftballon zu füllen, ihn dazu bringen, mehr Platz im Inneren des großen Ballons einzunehmen und so letzteren aufgebläht zu halten.

In den Ballon meiner „Nr. 6" nähte ich nun einen solchen Ausgleichsballon, der 60 Kubikmeter (2118 Kubikfuß) fassen konnte. Der Ventilator, der ihn versorgen sollte, bildete praktisch einen Teil des Motors selbst. Er drehte sich ständig, während der Motor lief, und versorgte den Ausgleichsballon ständig mit Luft, unabhängig davon, ob dieser sie aufnehmen konnte oder nicht. Die Luft, die er nicht aufnehmen konnte, entwich durch ein verhältnismäßig schwaches Ventil („Luftventil", Abb. 10 ), das durch den Boden des Luftballons, der gleichzeitig der Boden des großen Außenballons war, mit der Außenatmosphäre in Verbindung stand.

Um den großen Ballon bei Bedarf von seinem erweiterten Wasserstoff zu entlasten, stattete ich ihn mit zwei der besten Ventile aus, die ich herstellen konnte („Gasventile", Abb. 10 ). Diese kommunizierten auch mit der äußeren Atmosphäre. Stellen Sie sich nun vor, dass sich nach einer gewissen Kondensation meines Wasserstoffs der innere Ausgleichsballon teilweise mit Luft aus dem Ventilator gefüllt hätte und so die Form des großen Ballons starr gehalten hätte. Kurz darauf würde sich der Wasserstoff durch eine Temperatur- oder Höhenänderung wieder ausdehnen. Etwas müsste nachgeben, sonst würde der Ballon in einer „kalten Explosion" platzen. Was sollte zuerst weichen? Offensichtlich das schwächere Luftventil („Air Valve", Abb. 10 ). Durch das Ablassen eines Teils oder der gesamten Luft im inneren Ballon würde die Spannung des anschwellenden Wasserstoffs abgebaut; und erst danach, wenn dies nicht ausreichen sollte, würden die stärkeren Gasventile ( Abb. 10 ) den kostbaren Wasserstoff ablassen.

Alle drei Ventile waren automatisch und öffneten sich bei einem bestimmten Innendruck nach außen. Eine der Hypothesen zur Erklärung des schrecklichen Unfalls von Severos Luftschiff „Pax" [A] beschäftigt sich mit diesem äußerst wichtigen Problem der Ventile. Die „Pax" hatte in ihrer ursprünglichen Konstruktion zwei. M. Severo, der kein praktischer Aeronaut war, verstopfte eines davon mit Wachs, bevor er seine erste und letzte Reise antrat. Angesichts des abnehmenden Drucks der Atmosphäre mit zunehmender Höhe sollte der Aufstieg eines Luftschiffs immer langsam und nie zu groß sein, da sich Gas bei einem Anstieg von einigen Metern ausdehnt. Dies ist ganz anders als bei dem kugelförmigen Ballon, der keinem Innendruck standhalten muss. Ein Luftschiff, dessen Hülle durch großen Druck aufgebläht wird, ist darauf angewiesen, dass seine Ventile nicht platzen. Nachdem eines seiner Ventile mit Wachs verstopft war, konnte die „Pax" vom Boden abheben, und seine Insassen scheinen sofort den Kopf verloren zu haben. Anstatt ihren rasanten Aufstieg zu bremsen, warf einer von ihnen Ballast ab - eine Handvoll davon würde einen großen runden Ballon deutlich in die Höhe treiben. Der Mechaniker von Severo soll zuletzt gesehen worden sein, wie er in seiner Aufregung einen ganzen Sack wegwarf. Die „Pax" schoss immer höher und die Ausdehnung, die Explosion und der schreckliche Fall waren eine Kettenreaktion.

Die Tonnage meines neuen Ballons betrug 630 Kubikmeter (22.239 Kubikfuß), was eine absolute Hubkraft von 690 Kilogramm (1518 Pfund) ergab, aber das erhöhte Gewicht des neuen Motors und der Maschinerie brachte meinen verfügbaren Ballast trotzdem auf 110 Kilogramm (242 Pfund). Es war ein Vierzylindermotor mit 12 PS, der automatisch durch die Wasserzirkulation um die Oberseite des Kolbens (Culasse) gekühlt wurde. Obwohl der Wasserkühler zusätzliches Gewicht mit sich brachte, war ich froh, ihn zu haben, denn die Anordnung würde es mir ermöglichen, die volle Leistung des Motors auszunutzen, ohne Angst vor Überhitzung oder Blockieren *unterwegs zu haben* , der in der Lage war, dem Propeller eine Zugkraft von 66 Kilogramm (145 Pfund) zu übertragen.

**EIN UNFALL MIT „Nr. 6"**

Meine tägliche Übung mit dem neuen Luftschiff endete am 6. September 1901 mit einem kleinen Unfall. Der Ballon wurde am 15. September wieder aufgeblasen, aber vier Tage später krachte er gegen einen Baum und machte eine zu plötzliche Kurve. Ich habe solche Unfälle immer philosophisch betrachtet und sie als eine Art Versicherung gegen noch schlimmere Unfälle betrachtet. Wenn ich allen Luftschiffballonfahrern auch nur ein einziges Wort der Warnung aussprechen würde, wäre es: „Halten Sie sich in der Nähe der Erde."

Der Standort des Luftschiffs liegt nicht in großen Höhen, und es ist besser, in den Baumwipfeln zu fischen, wie ich es im Bois de Boulogne zu tun

pflegte, als die Gefahren der höheren Luft ohne den geringsten praktischen
Vorteil zu riskieren .

# KAPITEL XV
## GEWINN DES DEUTSCH-PREISES

Und nun, am 19. Oktober 1901, nachdem das Luftschiff „Santos-Dumont Nr. 6" mit großer Eile repariert worden war, versuchte ich erneut um den Deutschen Preis und gewann ihn.

Am Vortag war das Wetter miserabel gewesen. Dennoch hatte ich die notwendigen Telegramme zur Einberufung der Kommission verschickt. Im Laufe der Nacht hatte sich das Wetter verbessert, aber die atmosphärischen Bedingungen um 14 Uhr nachmittags – die für den Prozess angekündigte Stunde – waren dennoch so ungünstig, dass von den 25 Mitgliedern, aus denen die Kommission bestand, nur fünf erschienen – MM. Deutsch (de la Meurthe), de Dion, Fonvielle, Besançon und Aimé.

Das Zentrale Wetteramt, das zu dieser Stunde telefonisch kontaktiert wurde, meldete einen Südostwind mit 6 Metern pro Sekunde in der Höhe des Eiffelturms. Wenn ich bedenke, dass ich zufrieden war, als mein erstes Luftschiff im Jahr 1898 nach meiner Meinung und der meiner Freunde mit einer Geschwindigkeit von 7 Metern pro Sekunde unterwegs war, bin ich immer noch überrascht über die Fortschritte, die in diesen drei Jahren erzielt wurden, denn ich wollte jetzt ein Rennen gegen ein Zeitlimit gewinnen, bei einem Wind, der fast so stark wehte wie die höchste Geschwindigkeit, die ich mit meinem ersten Luftschiff erreicht hatte.

**WISSENSCHAFTLICHE KOMMISSION DES AËRO CLUB BEI DER VERLEIHUNG DES DEUTSCH-PREISES**

Der offizielle Start erfolgte um 14.42 UHR. Trotz des seitlichen Windes, der mich tendenziell nach links vom Eiffelturm abtrieb, hielt ich meinen Kurs direkt auf dieses Ziel zu. Allmählich trieb ich das Luftschiff weiter und hinauf bis zu einer Höhe von etwa 10 Metern über seinem Gipfel. Dadurch verlor ich zwar etwas Zeit, sicherte mich aber so weit wie möglich gegen einen unbeabsichtigten Kontakt mit dem Turm ab.

Als ich am Turm vorbeikam, drehte ich mich mit einer plötzlichen Bewegung des Ruders und brachte das Luftschiff in einer Entfernung von etwa 50 Metern um den Blitzableiter des Turms herum. Der Turm wurde also um 14.51 UHR GEDREHT , wobei die Strecke von 5½ Zoll *zuzüglich der Wende* in neun Minuten zurückgelegt wurde.

Der Rückweg dauerte länger, da wir demselben Wind ausgesetzt waren. Außerdem hatte der Motor auf dem Weg zum Turm ziemlich gut funktioniert. Jetzt, nachdem ich ihn etwa 500 Meter hinter mir gelassen hatte, war er tatsächlich kurz davor, stehen zu bleiben . Ich hatte einen Moment großer Unsicherheit. Ich musste eine schnelle Entscheidung treffen. Ich sollte das Lenkrad für einen Moment loslassen, auch auf die Gefahr hin, vom Kurs abzuweichen, um meine Aufmerksamkeit dem Vergaserhebel und dem Hebel zur Steuerung der elektrischen Zündung zu widmen.

Der Motor, der fast zum Stillstand gekommen war, begann wieder zu arbeiten. Ich hatte jetzt den Bois erreicht, wo die kühle Luft der Bäume durch ein allen Aeronauten bekanntes Phänomen meinen Ballon immer schwerer machte – oder, in der Physik, durch Kondensation kleiner wurde. Durch einen unglücklichen Zufall begann der Motor in diesem Moment wieder langsamer zu werden. So sank das Luftschiff, während seine Antriebskraft abnahm.

Um den Sinkflug zu korrigieren, musste ich sowohl Führungsseil als auch Verschiebegewichte zurückwerfen. Dadurch richtete sich das Luftschiff schräg nach oben, so dass es durch die verbleibende Propellerkraft immer wieder in die Luft stieg.

**„Nr. 6.“ AUF DEM WEG ZUM EIFFELTURM; HÖHE 1000 FUSS**

Ich war jetzt über der Menschenmenge der Auteuil-Rennbahn, die bereits steil nach oben zeigte. Ich hörte den Applaus der mächtigen Menge, als plötzlich mein kapriziöser Motor wieder mit voller Geschwindigkeit zu arbeiten begann. Der plötzlich beschleunigte Propeller, der sich fast unter dem hochgestreckten Luftschiff befand, übertrieb die Neigung, so dass der Applaus der Menge in Alarmschreie überging. Ich selbst hatte keine Angst, da ich mich über den Bäumen des Bois befand, deren sanftes Grün mich, wie ich bereits sagte, immer beruhigte.

Das alles geschah sehr schnell – bevor ich die Möglichkeit hatte, meine Gewichte und das Führungsseil wieder in die normale horizontale Position zu verlagern. Ich befand mich nun auf einer Höhe von 150 Metern. Natürlich hätte ich die diagonale Ausrichtung des Luftschiffs dadurch überprüfen können, dass ich einfach den Motor verlangsamte, der es nach oben trieb; Aber ich kämpfte gegen ein Zeitlimit und machte einfach weiter.

Ich richtete mich bald wieder auf, indem ich das Führungsseil und die Gewichte nach vorne verlagerte. Ich erwähne dies ausführlich, weil viele meiner Freunde damals dachten, dass etwas Schreckliches passieren würde. Trotzdem hatte ich keine Zeit, das Luftschiff auf eine niedrigere Höhe zu bringen, bevor ich die Zeitnehmer auf dem Gelände des Aéro Clubs erreichte – was ich leicht hätte erreichen können, indem ich den Motor verlangsamt hätte. Deshalb habe ich die Jury so weit übertroffen.

Auf meinem Weg zum Turm blickte ich nie auf die Dächer von Paris hinunter: Ich navigierte durch ein Meer aus Weiß und Azurblau und sah nichts als das Ziel. Auf dem Rückweg hatte ich den Blick auf das Grün des Bois de Boulogne und den silbernen Streifen des Flusses gerichtet, wo ich ihn überqueren musste. Nun, in meiner Höhenlage von 150 Metern und mit voller Propellerleistung, passierte ich Longchamps, überquerte die Seine und flog mit voller Geschwindigkeit über die Köpfe der Kommission und die auf dem Gelände des Aéro Clubs versammelten Zuschauer hinweg weiter. In diesem Moment war es elf Minuten und dreißig Sekunden nach drei Uhr, also genau neunundzwanzig Minuten und einunddreißig Sekunden.

Das Luftschiff, getragen von der Wucht seiner großen Geschwindigkeit, raste weiter, wie ein Rennpferd am Zielpfosten vorbeifährt, wie eine Segeljacht die Ziellinie passiert, wie ein Rennauto an den Richtern vorbeifliegt, die seine Zeit genommen haben. Wie der Jockey des Rennpferds drehte ich mich dann um und fuhr selbst zurück zum Flugplatz, um mein Führungsseil einzufangen und um zwölf Minuten vierzig und fünfzig Sekunden nach drei, also dreißig Minuten und vierzig Sekunden nach dem Start, heruntergezogen zu werden.

Meine genaue Zeit kannte ich noch nicht.

Ich rief: „Habe ich gewonnen?“

Und die Zuschauermenge rief mir zurück: „Ja!“

## RUNDER EIFFELTURM

* ****

Eine Zeit lang argumentierten manche, meine Zeit müsse bis zu meiner zweiten Rückkehr zum Flugplatz gezählt werden und nicht bis zu dem Moment, als ich ihn auf der Rückreise vom Eiffelturm zum ersten Mal überflog. Eine Zeit lang schien es tatsächlich schwieriger zu sein, den Preis zu bekommen, als ihn zu gewinnen. Doch am Ende siegte der gesunde Menschenverstand. Das Preisgeld, das sich insgesamt auf 125.000 Francs belief, wollte ich nicht behalten. Deshalb teilte ich es in ungleiche Teile auf. Den größeren Betrag von 75.000 Francs übergab ich dem Polizeipräfekten von Paris, damit er für bedürftige Arme verwendet werden konnte. Den Rest verteilte ich unter meinen Mitarbeitern, die schon so lange bei mir waren und deren Hingabe ich diesen Tribut gerne zollte.

Gleichzeitig erhielt ich einen weiteren großen Preis, der ebenso erfreulich wie unerwartet war. Es handelte sich um eine Summe von 100 Contos (125.000 Francs), die mir von der Regierung meines eigenen Landes zugesprochen wurde, begleitet von einer Goldmedaille von großem Format und großer Schönheit, die in Brasilien entworfen, graviert und gestempelt wurde. Die Vorderseite zeigt mein bescheidenes Ich, angeführt von Victory und gekrönt von einer fliegenden Figur des Ruhms mit Lorbeer. Über einer aufgehenden Sonne ist die Linie von Camoëns eingraviert, geändert um ein Wort, als ich sie auf dem langen Streamer meines Luftschiffs schweben ließ: „Por *ceos* nunca d'antes navegados!" [B] Die Rückseite trägt diese Worte: „Als Präsident der Republik der Vereinigten Staaten von Brasilien hat der Doktor Manoel Ferraz de Campos Salles den Auftrag gegeben, diese Medaille zu Ehren von Alberto Santos-Dumont zu gravieren und zu prägen. 19. Oktober 1901."

**RUNDENDER EIFFELTURM**

# KAPITEL XVI
## EIN BLICK ZURÜCK UND NACH VORNE

So wie ich nicht mit dem Bau von Luftschiffen begonnen hatte, um den Deutsch-Preis zu gewinnen, hatte ich auch jetzt keinen Grund, mit dem Experimentieren aufzuhören, nachdem ich ihn gewonnen hatte. Als ich meine ersten Luftschiffe baute und steuerte, existierten weder der Aéro Club noch der Deutsch-Preis. Die beiden hatten durch ihren schnellen Aufstieg und ihre verdiente Bekanntheit das Problem der Luftnavigation plötzlich ins Bewusstsein der Öffentlichkeit gerückt – so plötzlich, dass ich eigentlich nicht bereit war, an einem solchen Rennen mit Zeitlimit teilzunehmen. Da ich natürlich die Ehre haben wollte, einen solchen Wettbewerb zu gewinnen, war ich gezwungen worden, schnell neue Konstruktionen zu entwickeln, was sowohl Gefahren als auch Kosten mit sich brachte. Jetzt wollte ich mir die Zeit nehmen, mich systematisch als Luftnavigator zu perfektionieren.

Angenommen, Sie kaufen ein neues Fahrrad oder Auto. Sie haben dann eine perfekte Maschine in der Hand, ohne dass Sie die Arbeit, die Täuschungen, die Fehlstarts und Neuanfänge des Erfinders und Konstrukteurs in Kauf nehmen mussten. Trotz all dieser Vorteile werden Sie jedoch bald feststellen, dass der Besitz der perfekten Maschine nicht unbedingt bedeutet, dass Sie damit über die Autobahnen rasen werden. Sie könnten so ungeübt sein, dass Sie vom Fahrrad fallen oder das Auto in die Luft jagen. Die Maschine ist in Ordnung, aber Sie müssen lernen, sie zu bedienen.

Um das moderne Fahrrad zu perfektionieren, haben Tausende von Amateuren, Erfindern, Ingenieuren und Konstrukteuren mehr als fünfundzwanzig Jahre lang gearbeitet. Sie haben zahllose Neuerungen ausprobiert, die große Mehrheit davon eine nach der anderen verworfen und sich nach unzähligen Fehlschlägen und halben Erfolgen langsam dem perfekten Organismus angenähert.

So ist es heute mit dem Automobil. Man stelle sich die vereinten Anstrengungen und finanziellen Opfer der Ingenieure und Hersteller vor, die Schritt für Schritt zu den Straßenrennautos des Paris-Berlin-Wettbewerbs im Jahr 1901 führten - dem Jahr, in dem der einzige funktionierende Luftballon, der damals existierte, den Deutschen Preis gewann, und zwar trotz einer Zeitbegrenzung, die viele für ein absolutes Erfolgshindernis hielten. Doch von den 170 ausgereiften Automobilen, die für den Paris-Berlin-Wettbewerb angemeldet waren, schafften nur 109 den ersten Renntag, und von diesen erreichten schließlich nur 26 Berlin.

## RÜCKKEHR ZUM AËRO CLUB-GELÄNDE ÜBER DEM AQUÄDUKT

Von den 170 gemeldeten Autos erreichten nur 26 das Ziel. Und wie viele von diesen 26, die in Berlin ankamen, haben Ihrer Meinung nach die Strecke ohne ernsthafte Unfälle überstanden? Vielleicht keiner.

Dass das so ist, ist völlig natürlich. Die Leute denken sich nichts dabei. Das ist die natürliche Entwicklung einer großartigen Erfindung. Aber wenn ich in der Luft eine Panne habe, kann ich nicht für Reparaturen anhalten: Ich muss weiterfliegen, und die ganze Welt weiß das.

Wenn ich also auf meine Fortschritte zurückblicke, seit ich 1898 auf dem Gelände von Bagatelle übernachtete, war ich überrascht, wie schnell ich mich von der Aufmerksamkeit der Welt und meinem eigenen Eifer bei einer in Wirklichkeit willkürlichen Aufgabe hatte antreiben lassen. Ich hatte meinen Kopf riskiert und unnötig viel Geld geopfert und den Deutsch-Preis gewonnen. Ich hätte denselben Fortschritt auch in weniger forcierten und vernünftigeren Schritten erreichen können. Ich war Erfinder, Mäzen, Hersteller, Amateur, Mechaniker und Luftschiffkapitän zugleich! Und doch wird angenommen, dass jede dieser Eigenschaften dem Einzelnen in der Welt der Automobile genügend Arbeit und Anerkennung einbringt.

Trotz all dieser Sorgen wurde ich oft dafür kritisiert, dass ich für meine Experimente ruhige Tage wählte. Doch wer würde bei Experimenten über Paris – wie ich es tun musste, als ich mich um den Deutsch-Preis bewarb – zu seinen natürlichen Risiken und Kosten noch die Unannehmlichkeiten einer wer weiß was für Strafverfolgung hinzufügen, wenn er die Schornsteine einer großen Hauptstadt auf die Köpfe einer Fußgängerbevölkerung stürzt?

Ich habe es bei einer Versicherungsgesellschaft nach der anderen versucht. Keine wollte mir einen Tarif für die Schäden anbieten, die ich an einem stürmischen Tag anrichten könnte. Keine wollte mir einen Tarif für die Zerstörung meines eigenen Luftschiffs anbieten.

Mir war jetzt klar, dass ich vor allem Navigationsübungen in Reinkultur brauchte. Ich hatte die Geschwindigkeit meiner Luftschiffe erhöht – das heißt, ich hatte auf Kosten meiner Ausbildung zum Luftschiffkapitän konstruiert.

Der Kapitän eines Dampfschiffs erhält sein Zertifikat erst nach jahrelangem Studium und Erfahrung in der Navigation in untergeordneten Funktionen. Sogar der „Chauffeur" auf öffentlichen Straßen muss seine Prüfung bestehen, bevor die Behörden ihm seine Papiere ausstellen.

**MEDAILLE DER BRASILIANISCHEN REGIERUNG**

In der Luft, wo alles neu ist, erfordert die routinemäßige Navigation eines Luftschiffs als Grundlage die vereinten Erfahrungen des Ballonfahrers und des Auto-„Chauffeurs". Vom einsamen Kapitän werden daher Gelassenheit, Einfallsreichtum, schnelles Urteilsvermögen und eine Art Instinkt verlangt, der sich durch lange Übung einstellt.

Von diesen Überlegungen angetrieben, bestand mein großes Ziel im Herbst 1901 darin, einen günstigen Ort für die Übung der Luftnavigation zu finden.

Mein schnellstes und bestes Luftschiff, die „Santos-Dumont Nr. 6", war in perfektem Zustand. Am Tag, nachdem ich damit den Deutsch-Preis gewonnen hatte, fragte mich mein Chefmechaniker, ob er es mit Wasserstoff nachfüllen sollte. Ich sagte ja. Als er dann versuchte, noch mehr Wasserstoff hineinzulassen, entdeckte er etwas Merkwürdiges. Der Ballon nahm nicht mehr auf! Er hatte nicht eine einzige Kubikeinheit Wasserstoff verloren!

Der eigentliche Gewinn des Deutsch-Preises hatte nur ein paar Liter Erdöl gekostet!

Gerade als sich in Paris der Winter mit beißenden Winden, kaltem Regen und düsteren Wolken näherte, erhielt ich die Mitteilung, dass der Fürst von Monaco, selbst ein für seine persönlichen Forschungen berühmter Wissenschaftler, erfreut darüber sein würde, direkt am Strand von La Condamine ein Ballonhaus zu bauen, von dem aus ich ins Mittelmeer hinausschießen und so meine Flugübungen den Winter über fortsetzen könnte.

Die Situation versprach ideal zu sein. Die kleine Bucht von Monaco, die von hinten durch Berge vor Wind und Kälte und auf beiden Seiten durch die Höhen von Monte Carlo und der Stadt Monaco vor Wind und Meer geschützt ist, wäre ein gut geschütztes Manövergelände.

Das Luftschiff wäre immer einsatzbereit und mit Wasserstoffgas gefüllt. Es könnte aus dem Ballonhaus schlüpfen, um das gute Wetter zu nutzen, und bei herannahenden Sturmböen wieder zurückkehren, um Schutz zu suchen. Das Ballonhaus würde am Rande des Ufers errichtet werden, und das gesamte Mittelmeer würde vor mir liegen, um es abzuseilen.

**„Nr. 9." Zeigt den Kapitän, der den Korb für den Motor verlässt**

# KAPITEL XVII
## MONACO UND DAS SEEFÜHRSEIL

Als ich Ende Januar 1902 in Monte Carlo ankam, war das Ballonhaus des Fürsten von Monaco nach meinen Vorschlägen bereits praktisch fertiggestellt.

Der neue Flugplatz erhob sich auf dem Boulevard de la Condamine, direkt gegenüber der Ufermauer, den Gleisen der elektrischen Straßenbahn. Es war eine riesige leere Hülle aus Holz und Segeltuch über einem stabilen Eisenskelett, 55 Meter (180 Fuß) lang, 10 Meter (33 Fuß) breit und 15 Meter (50 Fuß) hoch. Er musste solide gebaut sein, um nicht das Schicksal des komplett aus Holz gebauten Flugplatzes der französischen maritimen Ballonstation in Toulon zu riskieren, der zweimal zerstört und einmal von Stürmen wie ein regelrechter Holzballon fast weggespült wurde.

Trotz der riskanten Form und der eigenartigen Konstruktion des Flugplatzes waren seine Türen das Aufsehen erregendste Merkmal. Touristen erzählten sich gegenseitig (völlig zu Recht), dass es weder in der Antike noch in der Neuzeit jemals so große Türen gegeben habe. Sie waren so konstruiert, dass sie sich öffnen und schließen ließen, oben auf Rädern, die an einer Eisenkonstruktion hingen, die auf beiden Seiten aus der Fassade hervorragte, und unten auf Rädern, die über eine Schiene rollten. Jede Tür war 15 Meter (50 Fuß) hoch und 5 Meter (16½" Fuß) breit und wog 4400 Kilogramm (9680 Pfund). Doch ihr Gleichgewicht war so gut berechnet, dass am Tag der Einweihung des Flugplatzes diese riesigen Türen von zwei kleinen Jungen von acht und zehn Jahren auseinandergerollt wurden, den jungen Prinzen Ruspoli, Enkel des Herzogs von Dino, meines Gastgebers in Monte Carlo.

Während mich die neue Situation durch das Versprechen bequemer und geschützter Winterübungen anzog, war die Aussicht, mit meinem Luftschiff eine Überseefahrt zu unternehmen, noch verlockender. Sogar für den Kugelballonfahrer birgt das Überseeproblem große Versuchungen, wozu ein Experte der französischen Marine sagte:

„Der Ballon kann der Marine immense Dienste leisten, *sofern seine Richtung sichergestellt ist*.“

„Wenn es über dem Meer schwebt, kann es zugleich Aufklärer und Angriffshelfer sein, von so heiklem Charakter, dass sich der allgemeine Dienst der Marine noch nicht erlaubt hat, sich zu dieser Angelegenheit zu äußern. Wir können es uns jedoch nicht länger verheimlichen Die Stunde rückt näher, in der Ballons, die jetzt zu militärischen Triebwerken geworden sind, im Hinblick auf die Schlachtergebnisse einen großen und vielleicht entscheidenden Einfluss im Krieg erlangen werden.

**IN DER BUCHT VON MONACO**

Was mich betrifft, habe ich nie einen Hehl daraus gemacht, dass meiner Meinung nach der erste praktische Einsatz des Luftschiffs im Krieg stattfinden wird, und zwar bei dem weitsichtigen Henri Rochefort, der die Gewohnheit hatte, zum Flugplatz zu kommen von seinem Hotel in La Turbie aus schrieb einen äußerst bedeutsamen Leitartikel in diesem Sinne, nachdem ich ihm die Geschwindigkeitsberechnungen meiner „Nr. 7" vorgelegt hatte, die sich damals im Bau befand.

„Der Tag, an dem festgestellt wird, dass ein Mann sein Luftschiff während der vier Stunden, die der junge Santos für die Reise von Monaco nach Calvi verlangt, in eine bestimmte Richtung fliegen und nach Belieben manövrieren kann", schrieb Henri Rochefort wird den Nationen kaum mehr zu tun bleiben, als ihre Waffen niederzuwerfen ...

„Ich bin erstaunt, dass die große Bedeutung dieser Angelegenheit noch nicht von allen Fachleuten der Luftfahrt begriffen wurde. In einen Ballon zu steigen, den man nicht selbst gebaut hat und den man auch nicht steuern kann, ist eine der leichtesten Leistungen. Eine kleine Katze hat das in den Folies-Bergère geschafft."

Im Kriegseinsatz über Land muss das Luftschiff zweifellos oft in beträchtliche Höhen aufsteigen, um dem Gewehrfeuer des Feindes zu entgehen, aber als maritimes Hilfsschiff, das der Experte der französischen Marine beschrieb, wird es seine Aufklärungsrolle *größtenteils* am Ende seines Führungsseils ausüben, relativ nah an den Wellen und dennoch hoch genug, um einen weiten Blick zu haben. Nur wenn es aus leicht vorstellbaren Gründen für kurze Zeit hoch steigen soll, wird es den bequemen Kontakt seines Führungsseils mit der Meeresoberfläche aufgeben.

Aus diesen Gründen – und insbesondere aus letzterem – war es mir ein großes Anliegen, eine umfangreiche Seilführung über dem Mittelmeer durchzuführen. Wenn das maritime Experiment so viel für die kugelförmige Ballonfahrt verspricht, so ist es für das Luftschiff, das aufgrund seiner Konstruktion vergleichsweise wenig Ballast trägt, doppelt vielversprechend. Dieser Ballast sollte derzeit nicht wie beim Kugelballonfahrer für die Behebung jeder noch so kleinen vertikalen Aberration geopfert werden. Sein Zweck ist der Einsatz in großen Notfällen. Auch sollte der Luftnavigator, insbesondere wenn er allein ist, nicht gezwungen sein, seine Höhe ständig mithilfe seines Propellers und der Gewichtsverlagerung zu korrigieren. Er sollte die Freiheit haben, sein Luftschiff zu steuern; wenn er auf Vergnügen aus ist, kann er seinen Flug mit Leichtigkeit und Muße genießen; wenn er im Kriegsdienst ist, mit Leichtigkeit für seine Beobachtungen und feindlichen Manöver. Daher ist ihm jede *automatische Gewährleistung der vertikalen Stabilität besonders willkommen.*

Sie wissen bereits, was das Führungsseil ist. Ich habe es bei meiner ersten Erfahrung mit einem Kugelballon beschrieben. Über Land, wo es ebene Ebenen oder Straßen oder sogar Straßen gibt, wo es nicht zu viele störende Bäume, Gebäude, Zäune, Telegrafen- und Oberleitungsmasten und -drähte und ähnliche Unregelmäßigkeiten gibt, ist das Führungsseil eine ebenso große Hilfe für das Luftschiff wie zum Kugelballon. Tatsächlich habe ich es noch mehr getan, denn bei mir ist es das zentrale Merkmal meiner Gewichtsverlagerung ( Abb. 8 und 9 , Seite 148).

Über den ununterbrochenen Weiten des Meeres erwies sich mein erster Flug nach Monaco als wahrer *Stabilisator* . Sein sehr geringer Schleppwiderstand durch das Wasser steht in keinem Verhältnis zu dem beträchtlichen Gewicht seines schwimmenden Endes. Je nachdem, wie stark oder schwach er eintaucht, ballastiert oder entlastet er daher das Luftschiff (Abb. 11). Der Ballon wird durch das Gewicht des Führungsseils auf einem festen Niveau über den Wellen gehalten, ohne dass die Gefahr besteht, mit ihnen in Berührung zu kommen. In dem Moment, in dem das Luftschiff den Wellen auch nur ein kleines Stück näher kommt, wird es von gerade so viel Gewicht entlastet und muss natürlich um diese Menge an momentaner Entlastung wieder aufsteigen. Auf diese Weise wird ein unaufhörliches, kleines Ziehen auf die Wellen zu und von ihnen weg erzeugt, unendlich sanft, ein automatisches Ballastieren und Entlasten des Luftschiffs ohne Ballastverlust.

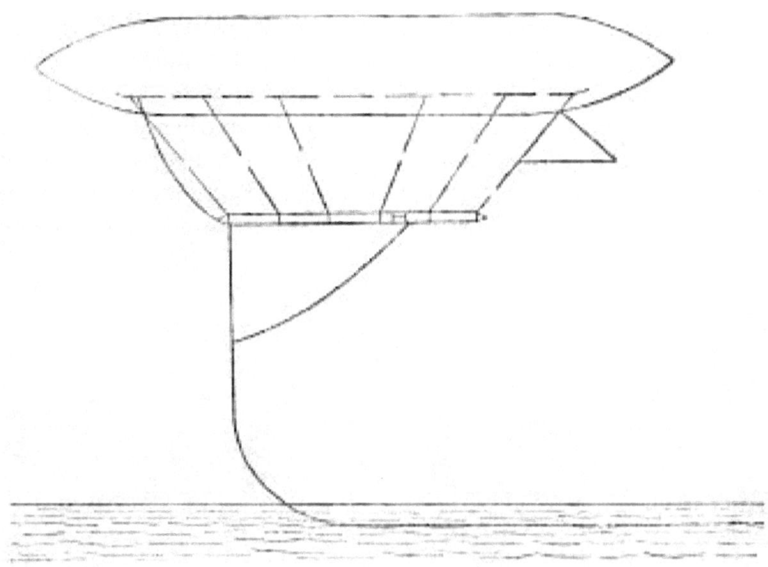

**Abb. 11**

Mein erster Flug über das Mittelmeer, der am Morgen des 29. Januar 1902 stattfand, bewies leider mehr als das. Es zeigte sich, dass hinsichtlich der Lage des Flugplatzes selbst eine Fehleinschätzung vorgenommen worden war. In der Luftschifffahrt, wo alles neu ist, begegnen dem Experimentator auf Schritt und Tritt solche Überraschungen. Dies sollte man bedenken, wenn man den Fortschritt berücksichtigt. Welche winzigen Vorkehrungen wurden beim Autorennen Paris-Madrid im Jahr 1903 nicht getroffen, um die Teilnehmer vor den Gefahren schneller Kurven und Bahnübergänge zu schützen? Und doch erwiesen sie sich doch als bemerkenswert unzureichend.

Als das Luftschiff am Morgen des 29. Januar 1902 zu seinem ersten Flug aus seinem Haus geholt wurde, konnten die Zuschauer sehen, dass es nichts gab, was den Anlegestellen entsprach, die die Luftschiffe der Zukunft für sie gebaut haben mussten vor dem Gebäude. Das mit Ballast beladene Luftschiff musste ein wenig schwerer als die umgebende Atmosphäre sein und musste aus dem Flugplatz und über den Boulevard de la Condamine geschleppt oder geschleppt werden, bevor es über die Ufermauer in die Luft geschossen werden konnte .

Nun erwies sich dieser Damm als gefährliches Hindernis. Vom Seitenweg aus war es nur hüfthoch, aber auf der anderen Seite rollte die Brandung vier bis fünf Meter tiefer über Kieselsteine.

Das Luftschiff musste mehr als hüfthoch über die Ufermauer gehoben werden, um nicht zu riskieren, die Propellerarme zu beschädigen, und als es halb darüber war, war niemand da, der es von der anderen Seite aus stützen konnte. Sein Bug zeigte schräg nach unten, während sein Heck drohte, an der Mauer zu schleifen. Ein halbes Dutzend Arbeiter kämpften zwischen den Kieselsteinen unten auf der Seeseite und streckten ihre Arme hoch in Richtung des sinkenden Kiels, als dieser von den Arbeitern, die auf dem Boulevard vor der Mauer dafür zuständig waren, herabgelassen und auf sie zugeschoben wurde, und sie konnten ihn schließlich gerade noch rechtzeitig fangen und aufrichten, um zu verhindern, dass ich aus dem Korb geworfen wurde.

**AUS DEM BALLONHAUS VON LA CONDAMINE IN MONACO, 12. FEBRUAR 1902**

Aus diesem Grund wurde meine Rückkehr zum Flugplatz nach diesem ersten Flug zu einem echten Triumph, denn die Menge erkannte sofort die Gefahren der Situation und sah Schwierigkeiten für mich voraus, wenn ich versuchen würde, das Ballonhaus erneut zu betreten. Da jedoch kein Wind wehte und ich beherzt steuerte, gelang mir eine sensationelle Einfahrt ohne Schaden – und ohne Hilfsmittel. Pfeilschnell raste das Luftschiff auf das Ballonhaus zu. Die Polizei des Prinzen hatte mit Mühe den Boulevard zwischen der Ufermauer und den weit geöffneten Toren geräumt. Assistenten und Statisten lehnten mit ausgestreckten Armen über die Mauer und warteten auf mich; Unten am Strand waren noch andere, aber dieses Mal brauchte ich sie nicht. Als ich zu ihnen kam, verlangsamte ich die Geschwindigkeit des Propellers. Gerade als ich die Ufermauer halb überquert hatte, weit über allen, stoppte ich den Motor. Von dem nachlassenden Schwung vorangetrieben, glitt das Luftschiff über ihre Köpfe hinweg auf die offene Tür zu. Sie hatten mein Führungsseil gepackt, um mich nach unten zu ziehen, aber da ich diagonal gekommen war, war es nicht nötig. Nun gingen sie neben dem Luftschiff ins Ballonhaus, während dessen Trainer oder die Stallburschen nach der Strecke das Zaumzeug ihres Rennpferdes ergriffen und es zu Ehren mit seinem Jockey im Sattel zurück zum Stall führten.

Es wurde jedoch zugegeben, dass ich bei der Rückkehr von meinen Flügen nicht gezwungen sein sollte, so scharf zu steuern – den Flugplatz zu betreten, wie eine Nadel von einer ruhigen Hand eingefädelt wird –, weil mich im entscheidenden Moment eine Seitenböe erwischen und mich gegen einen Baum oder Laternenpfahl oder Telegrafen- oder Telefonmast schleudern könnte, ganz zu schweigen von den scharfkantigen Gebäuden auf beiden Seiten des Flugplatzes. Als ich am selben Nachmittag des 29. Januar 1902 noch einmal für eine kurze Runde hinausging, war die Behinderung durch die Ufermauer nur allzu deutlich zu erkennen. Der Prinz bot an, die Mauer niederzureißen.

„So viel werde ich von Ihnen nicht verlangen", sagte ich. „Es genügt, auf der Seeseite der Mauer auf Höhe des Boulevards eine Anlegestelle zu bauen."

Dies war nach zwölf Tagen Arbeit, unterbrochen durch anhaltenden Regen, geschafft, und als das Luftschiff am 10. Februar 1902 zu seinem dritten Flug aufbrach, musste es von Männern auf beiden Seiten der Mauer einfach ein paar Fuß hochgehoben werden. Sie zogen es vorsichtig weiter, bis es in seiner ganzen Länge im Gleichgewicht über der neuen Plattform schwebte, die so weit in die Brandung hineinragte, dass ihre äußersten Pfeiler immer in sechs Fuß tiefem Wasser standen.

Auf dieser Plattform stehend stabilisierten sie das Luftschiff, während der Motor gestartet wurde, während ich den überschüssigen Wasserballast abließ und mein Führungsseil so verlagerte, dass es schräg nach oben fuhr. Der Motor begann zu stottern und zu rumpeln. Der Propeller begann sich zu drehen.

„Lasst alle los!", rief ich zum dritten Mal in Monaco.

Leicht glitt das Luftschiff seinen schrägen Kurs entlang, vorwärts und aufwärts. Dann, als der Propeller an Kraft gewann, schleuderte mich ein gewaltiger Stoß über die Bucht. Ich schob das Führungsseil wieder nach vorn, um einen geraden Kurs einzuschlagen. Und hinaus aufs Meer schoss das Luftschiff, und auf seinem scharlachroten Wimpel flatterten symbolische Buchstaben wie auf einem Flammenstrahl. Es waren die Anfangsbuchstaben der ersten Zeile von Camoëns' „Lusiad", dem epischen Dichter meiner Rasse:

Für Meere, nie zuvor geschifft!
(Über Meere, die bis hierher nicht besegelt wurden.)

# KAPITEL XVIII
## FLÜGE IM MITTELMEERWIND

Bei meinen beiden vorherigen Experimenten hatte ich mich einigermaßen innerhalb der windgeschützten Grenzen der Bucht von Monaco gehalten, deren weite Ausdehnung reichlich Raum sowohl zum Anlegen des Führungsseils als auch zum Üben des Steuerns bot. Darüber hinaus standen hundert Freunde und Tausende freundlicher Zuschauer um ihn herum, von den Terrassen von Monte Carlo bis zum Ufer von La Condamine und auf der anderen Seite bis zu den Höhen der Altstadt von Monaco. Als ich die Bucht immer wieder umkreiste, schräg aufstieg und herabstürzte, einen geraden Kurs einnahm und dann abrupt anhielt, um umzudrehen und von vorne zu beginnen, empfand ich angenehmen Applaus. Bei meinem dritten Flug steuerte ich nun auf das offene Meer zu.

Raus ins offene Mittelmeer raste ich. Das Führungsseil hielt mich in einer konstanten Höhe von etwa 50 Metern über den Wellen, als ob sein unteres Ende auf mysteriöse Weise mit ihnen verbunden wäre.

Auf diese Weise, da ich automatisch über meine Höhe informiert war, wurde die Arbeit der Luftnavigation wunderbar einfach. Es gab keinen Ballast zum Abwerfen, kein Gas zum Ablassen, keine Gewichtsverlagerung, es sei denn, ich wollte ausdrücklich auf- oder absteigen. So gab ich mich mit meiner Hand am Ruder und meinem Blick auf die ferne Spitze von Cap Martin dem Vergnügen dieser Reise über den Wellen hin.

Hier in dieser azurblauen Einsamkeit gab es keine Pariser Schornsteine, keine grausamen, bedrohlichen Dachecken, keine Baumwipfel des Bois de Boulogne. Mein Propeller zeigte seine Kraft und ich konnte ihn loslassen. Ich musste nur im Wind den Kurs halten und zusehen, wie die ferne Mittelmeerküste an mir vorbeizog.

Ich hatte reichlich Muße, mich umzusehen. Plötzlich begegneten mir zwei Segeljachten, die die Küste entlang auf mich zurasten. Ich bemerkte, dass ihre Segel voll gehisst waren. Als ich über sie hinwegflog und sie unter mir waren, hörte ich ein leises Jubeln, und eine anmutige weibliche Gestalt auf der vordersten Jacht schwenkte ein rotes Tuch. Als ich mich umdrehte, um die Höflichkeitsgeste zu erwidern, bemerkte ich mit einigem Erstaunen, dass wir bereits weit voneinander entfernt waren.

Ich war jetzt weit oben an der Küste, etwa auf halbem Weg nach Cap Martin. Über mir erstreckte sich die grenzenlose blaue Leere. Unter mir die Einsamkeit der weiß gekrönten Wellen. An den Segelbooten, die hier und da auftauchten, konnte ich erkennen, dass der Wind zu einem heftigen Sturm wurde und ich in ihm wenden musste, bevor ich auf meiner Heimreise wieder auf ihm zurückfliegen konnte.

Ich hielt das Steuer fest und drehte es nach hinten. Das Luftschiff drehte sich wie ein Boot, und als der Wind mich die Küste entlang trieb, bestand meine einzige Aufgabe darin, den Kurs konstant zu halten. Kaum länger, als es dauert, dies hier zu schreiben, war ich wieder gegenüber der Bucht von Monaco.

Mit einer scharfen Drehung des Ruders fuhr ich in den geschützten Hafen ein, stoppte unter tausend Jubelrufen den Propeller, zog das nach vorn verlagerte Gewicht an und ließ das Luftschiff von der nachlassenden Kraft diagonal zum Landungssteg hinuntertreiben. Diesmal gab es keine Schwierigkeiten. Auf dem breiten Landungssteg standen meine eigenen Männer, unterstützt von denen, die mir der Prinz zur Verfügung gestellt hatte. Das Luftschiff wurde ergriffen, als es langsam auf sie zuglitt, und ohne wirklich anzuhalten wurde es über den Deich über den Boulevard de la Condamine und zum Flugplatz „geführt". Die Fahrt hatte weniger als eine Stunde gedauert, und ich war nur wenige hundert Meter von Cap Martin entfernt gewesen.

Hier war es offensichtlich eine Reise, zuerst gegen und dann mit starkem Wind, und die Neugierigen können sich selbst ein Bild davon machen, indem sie einen Blick auf die beiden Fotos mit der Aufschrift „Wind A" und „Wind B" werfen. Da sie zufällig von einem Profi aus Monte Carlo aufgenommen wurden, der einfach nur gute Fotos machen wollte, sind sie unvoreingenommen.

„Wind A" zeigt mich beim Verlassen der Bucht von Monaco gegen einen Wind, der den Rauch der beiden am Horizont sichtbaren Dampfer zurückbläst.

„Wind B" wurde die Küste hinaufgeführt, kurz bevor ich die beiden kleinen Segelyachten traf, die offensichtlich auf mich zurasten.

Die Einsamkeit, in der ich mich mitten auf diesem ersten ausgedehnten Flug entlang der Mittelmeerküste befand, war nicht Teil des Programms. Während der Herstellung des Wasserstoffgases und dem Füllen des Ballons hatte ich den Besuch zahlreicher prominenter Persönlichkeiten erhalten, von denen mehrere ihre Fähigkeit und Bereitschaft bekundeten, bei diesen Experimenten wertvolle Hilfe zu leisten. Aus Beaulieu, wo seine Dampfyacht *Lysistrata* vor Anker lag, kam Herr James Gordon Bennett, und Herr Eugene Higgins hatte die *Varuna bereits* mehr als einmal von Nizza heraufgebracht. Auch die schöne kleine Dampfyacht von M. Eiffel hielt sich bereit.

Es war die Absicht dieser Eigner, ebenso wie die des Prinzen mit seiner *Prinzessin Alice* , dem Luftschiff bei seinen Flügen über das Mittelmeer zu folgen, um im Falle eines Unfalls zur Stelle zu sein. Dieser erste Flug war jedoch spontan durchgeführt worden, bevor irgendein Programm für die Yachten zusammengestellt worden war, und mein nächster langer Flug zeigte, wie sich zeigen wird, dass Luftschiffkapitäne nicht allzu sehr mit dieser Art von Schutz rechnen durften.

Es war der 12. Februar 1902. Eine Dampfchaloupe und zwei Petroleumbarkassen, alle drei Schnellläufer, sowie drei gut bemannte Ruderboote waren in Abständen entlang der Küste stationiert, um mich im Falle eines Unfalls aufzunehmen. Die Dampfchaloupe *des* Fürsten von Monaco, an Bord Seine Hoheit, der Generalgouverneur und der Kapitän der *Princesse Alice*, hatte sich bereits rechtzeitig auf den Weg gemacht. Das 40 PS starke Mors-Automobil von Mr. Clarence Grey Dinsmore und der 30 PS starke Panhard von M. Isidore Kahenstein waren bereit, mir entlang der unteren Küstenstraße zu folgen.

**"WIND A"**

Gleich nachdem ich die Bucht von Monaco verlassen hatte, bekam ich Frontwind und steuerte geradewegs die Küste entlang in Richtung italienische Grenze. Ich gab Vollgas, hielt das Ruder fest und ließ los. Ich konnte die zerklüfteten Umrisse der Küste links an mir vorbeihuschen sehen. Auf der kurvenreichen Straße blieben die beiden Rennautos mit hoher Geschwindigkeit auf meiner Seite.

„Wir konnten dem Luftschiff nur mit Mühe entlang der Kurven der Küstenstraße folgen", sagte einer von Mr. Dinsmores Passagieren dem Reporter einer Pariser Zeitschrift, „so schnell war sein Flug. In weniger als fünf Minuten war es gegenüber der Villa Camille Blanc angekommen, die etwa einen Kilometer (3/4 Meile) Luftlinie von Cap Martin entfernt ist.

„In diesem Moment war das Luftschiff völlig allein. Zwischen ihm und Cap Martin sah ich ein einzelnes Ruderboot, während weit dahinter der Rauch der *Chaloupe des Prinzen zu sehen war*. Es war wirklich kein alltäglicher Anblick, das Luftschiff so zu sehen isoliert über dem riesigen Meer schwebend.

Statt nachzulassen, hatte der Wind zugenommen. Hier und da konnte ich am Horizont die gebogenen weißen Segel der vor ihm vorbeifahrenden Yachten sehen. Die Situation war für mich neu, also machte ich eine abrupte Kurve und startete zurück auf die Zielgerade.

Jetzt war der Wind wieder bei mir, stärker als beim vorangegangenen Flug entlang der Küste. Dennoch ließ es sich leicht steuern, und ich bemerkte mit Freude, dass bei dieser Art und Weise mit dem Wind das Nicken oder die *Tangage* des Luftschiffs viel geringer war. Obwohl ich mit meinem Propeller schnell fuhr und vom Wind hinter mir unterstützt wurde, spürte ich keine Bewegung mehr, ja sogar weniger als zuvor.

Im übrigen waren meine Empfindungen ganz anders als die des Kugelballonfahrers! Er sieht zwar die Erde mit ungeheurer Geschwindigkeit rückwärts unter sich fliegen. Aber er weiß, dass er machtlos ist. Die große Gaskugel über ihm ist das Spielzeug der Luftströmung, und er kann seine Richtung nicht um Haaresbreite ändern. In meinem Luftschiff konnte ich mich über das Meer fliegen sehen, aber ich hatte meine Hände am Steuer, das mir die Richtung auf diesem herrlichen Kurs bestimmte. Ein- oder zweimal, nur um mir selbst Rechenschaft abzulegen, drehte ich das Steuer um einen kleinen Bogen. Gehorsam schwang der Bug des Luftschiffs auf die andere Seite, und ich raste auf einem neuen diagonalen Kurs. Aber diese Manöver dauerten jeweils nur wenige Augenblicke, und jedes Mal schwang ich mich auf gerader Linie zurück zum Eingang der Bucht von Monaco, denn ich flog wie ein Adler heimwärts und musste meinen Kurs beibehalten.

Wie sie mir später erzählten, wurde das Luftschiff für diejenigen, die von den Terrassen von Monte Carlo und Monaco aus meine Rückkehr beobachteten, mit jedem Augenblick größer, als ob ein wahrer Adler auf sie zusteuerte. Da der Wind auf sie zukam, konnten sie das tiefe, knisternde Grollen meines Motors aus weiter Entfernung hören. Jetzt drangen ihre eigenen aufmunternden Rufe nur noch schwach zu mir durch. Fast augenblicklich wurden die Rufe lauter. In der Bucht flatterten tausend Taschentücher. Ich drehte das Steuer scharf um, und das Luftschiff sprang unter dem Jubel und Winken in die Bucht, gerade als große Regentropfen zu fallen begannen. [C]

Ich hatte den Motor zuerst verlangsamt und dann abgestellt. Als sich das Luftschiff, von seiner abnehmenden Geschwindigkeit getragen, langsam der Anlegestelle näherte, gab ich den Leuten in den Booten das übliche Signal, mein Führungsseil zu ergreifen. Die Dampfchaloupe *des* Prinzen, die auf halbem Weg zwischen Monte Carlo und Cap Martin umgekehrt war, nachdem ich sie auf meiner Hinfahrt überholt und passiert hatte, hatte inzwischen die Bucht erreicht. Der Prinz, der noch an Bord war, wollte das Führungsseil ergreifen; und seine Begleiter, die keine Erfahrung mit dessen Gewicht und der Kraft hatten, mit der das Luftschiff es durch das Wasser zieht, versuchten nicht, ihn davon abzubringen. Anstatt das schwere schwimmende Tau zu ergreifen, als die *Chaloupe* daran vorbeiraste, wurde Seine Hoheit am rechten Arm davon getroffen, ein Unfall, der ihn fast auf den Boden des kleinen Schiffes warf und schwere Prellungen verursachte.

Ein zweiter Versuch, das Führungsseil einzufangen, war erfolgreicher, und das Luftschiff konnte leicht zum Uferdamm, darüber hinweg und in sein Haus gezogen werden. Wie alles in dieser neuen Navigation war auch das jeweilige Manöver neu. Ich war immer noch schneller, als ich den Anschein hatte, und solche Versuche, ein Luftschiff selbst in seinem letzten Schwung einzufangen und anzuhalten, können jemanden verärgern. Die einzige Möglichkeit, einen zu plötzlichen Stoß zu vermeiden, besteht darin, mit der Maschine zu laufen und sie sanft abzubremsen.

# KAPITEL XIX
## GESCHWINDIGKEIT

Welche Geschwindigkeit meine „Nr. 6" auf diesen Mittelmeerflügen erreichte, wurde damals nicht veröffentlicht, da ich nicht versucht hatte, sie genau zu berechnen. Nachdem ich die beunruhigende Frist des Deutsch-Preiswettbewerbs hinter mir gelassen hatte, vergnügte ich mich offen mit meinem Luftschiff und machte Beobachtungen, die für mich selbst von großem Wert waren, aber ich versuchte nicht, irgendjemandem etwas zu beweisen.

Das Geschwindigkeitsproblem ist zweifellos das erste aller Luftschiffprobleme. Die Geschwindigkeit muss immer der letzte Test zwischen rivalisierenden Luftschiffen sein, und bis eine hohe Geschwindigkeit erreicht ist, müssen bestimmte andere Probleme der Luftnavigation teilweise ungelöst bleiben. Nehmen wir zum Beispiel das Stampfen ( *Tangage* ) des Luftschiffs. Ich halte es für ziemlich wahrscheinlich, dass ein kritischer Punkt in der Geschwindigkeit gefunden wird, jenseits dessen das Stampfen auf beiden Seiten praktisch *Null sein wird* . Bei langsamer oder mäßiger Geschwindigkeit habe ich kein Stampfen erlebt, das bei einem Luftschiff wie meiner „Nr. 6" immer bei 25 bis 30 Kilometern (15 bis 18 Meilen) pro Stunde durch die Luft zu beginnen scheint. Wenn man diese Geschwindigkeit nun deutlich überschreitet – sagen wir bei einer Geschwindigkeit von 50 Kilometern (30 Meilen) pro Stunde – wird wahrscheinlich jedes *Tangage* oder Stampfen wieder aufhören, wie ich selbst erlebt habe, als ich auf der zuletzt beschriebenen Reise mit dem Wind nach Hause flog.

Die Geschwindigkeit muss immer der entscheidende Test zwischen rivalisierenden Luftschiffen sein, denn die Geschwindigkeit an sich fasst alle anderen Eigenschaften eines Luftschiffs zusammen, einschließlich der „Stabilität". In Monaco hatte ich jedoch keine Rivalen, mit denen ich konkurrieren konnte. Außerdem war mein Hauptstudium und Vergnügen dort die wunderbare Funktionsweise des maritimen Führungsseils; und dieses Führungsseil, das durch das Wasser gezogen wurde, musste zwangsläufig jede Geschwindigkeit verlangsamen, die ich erreichte. Dagegen ließ sich nichts tun. Das war der Preis, den ich für automatisches Gleichgewicht und vertikale Stabilität – mit einem Wort, einfache Navigation – zahlen musste, solange ich der einzige und alleinige Navigator des Luftschiffs blieb.

Auch ist es keine leichte Aufgabe, die Geschwindigkeit eines Luftschiffs zu berechnen. Auf diesen Flügen entlang der Mittelmeerküste stand die Geschwindigkeit meines Rückflugs nach Monaco, die durch den Wind wunderbar unterstützt wurde, in keinem Verhältnis zu meiner durch den Wind verlangsamten Rückfluggeschwindigkeit, und es gab nichts, was darauf hindeutete, dass die Kraft des Windes auf dem Hin- und Rückflug konstant war. Es stimmt, dass auf diesen Flügen eine der Schwierigkeiten, die solchen Geschwindigkeitsberechnungen im Wege standen – das „Schießen der Fallschirme" ( *montagnes russes* ) mit ständig wechselnder Höhe – durch die Wirkung des maritimen Führungsseils beseitigt wurde; aber andererseits wirkte, wie bereits gesagt, das Ziehen des Gewichts des Führungsseils durch das Wasser als sehr wirksame Bremse. Wenn die Geschwindigkeit des Luftschiffs zunimmt, wächst diese bremsenartige Wirkung des Führungsseils (wie auch die des Widerstands der Atmosphäre selbst) nicht proportional zur Geschwindigkeit, sondern proportional zum Quadrat derselben.

Bei diesen Flügen entlang der Mittelmeerküste musste ich die einfache Navigation, die mir das Seeleitseil ermöglichte, soweit ich es berechnen konnte, mit einem Verlust von etwa 7 bis 8 Kilometern (4 bis 5 Meilen) pro Stunde an Geschwindigkeit erkaufen. Doch mit oder ohne Seeleitseil bringt die Geschwindigkeitsberechnung ihre eigenen, fast unüberwindlichen Schwierigkeiten mit sich.

Von Monte Carlo nach Cap Martin um 10 Uhr eines bestimmten Morgens kann eine ganz andere Reise sein als von Monte Carlo nach Cap Martin um 12 Uhr desselben Tages; während von Cap Martin nach Monte Carlo, außer bei völliger Windstille, immer ein ganz anderes Unterfangen sein muss. Auch anhand der Markierungen des Anemometers, das ich allerdings bei mir hatte, können keine genauen Berechnungen vorgenommen werden. Aus reiner Neugier habe ich mir während meiner Reise am 12. Februar 1902 mehrmals die Messwerte notiert. Es schien zwischen 32 und 37 Kilometer pro Stunde zu sein; aber der durch Seitenböen erschwerte Wind, der gleichzeitig auf das Luftschiff und die Flügel der Anemometer-Windmühle einwirkt, *also* auf zwei bewegte Systeme, deren Trägheit unmöglich zu vergleichen ist, würde allein ausreichen, um das Ergebnis zu verfälschen.

Wenn ich also behaupte, dass nach meiner Einschätzung meine durchschnittliche Geschwindigkeit durch die Luft bei diesen Flügen zwischen 30 und 35 Kilometern (18 und 22 Meilen) pro Stunde lag, versteht es sich, dass sich dies auf die Geschwindigkeit durch die Luft bezieht, egal ob die Luft stillsteht oder sich bewegt, und auf die Geschwindigkeit, die durch das Ziehen des maritimen Führungsseils gebremst wird. Wenn wir diesen nachteiligen Einfluss auf den moderaten Wert von 7 Kilometern (4½" Meilen) pro Stunde setzen, läge meine Geschwindigkeit durch die stillstehende oder bewegte Luft zwischen 37 und 42 Kilometern (22 und 27 Meilen) pro Stunde.

Anstatt Zeit mit illusorischen Berechnungen auf dem Papier zu verschwenden, habe ich es immer vorgezogen, meine Luftschiffe materiell weiter zu verbessern. Später, wenn sie in den Wettbewerb mit den Rivalen treten, auf die niemand sehnlicher wartet als ich, müssen alle auf dem Papier gemachten Geschwindigkeitsberechnungen und alle darauf basierenden Streitigkeiten zwangsläufig dem einen erhabenen Test des Luftschiffrennens weichen.

Geschwindigkeitsberechnungen sind wirklich wichtig, wenn sie die notwendigen *Daten* für den Bau neuer und leistungsstärkerer Luftschiffe liefern. So besteht die Hülle des Ballons meines Renn-Luftschiffs „Nr. 7", dessen Antriebskraft von zwei Propellern mit jeweils 5 Metern (16½" Fuß) Durchmesser abhängt und der von einem 60-PS-Motor mit Wasserkühler angetrieben wird, aus zwei Lagen der stärksten französischen Seide, viermal lackiert, und kann bei einem dynamometrischen Test einer Zugkraft von 3000 Kilogramm (6600 Pfund) pro Laufmeter (3,3 Fuß) standhalten. Ich werde nun versuchen zu erklären, warum die Ballonhülle so viel stärker gemacht werden muss, wenn die Geschwindigkeit des Luftschiffs erhöht werden soll; und dabei werde ich die einzigartige und paradoxe Gefahr aufzeigen müssen, die Hochgeschwindigkeits-Luftschiffen droht, nämlich nicht, dass sie mit dem Kopf gegen die Außenatmosphäre stoßen, sondern dass sie mit dem Schwanz nach hinten ausblasen.

Obwohl der Innendruck in den Ballons meiner Luftschiffe für Ballons sehr beträchtlich ist, steht der kugelförmige Ballon mit dem Loch im Boden nicht unter einem solchen Druck: er ist im Vergleich zum allgemeinen Druck der Atmosphäre so gering, dass wir ihn nicht in „Atmosphären", sondern in Zentimetern oder Millimetern Wasserdruck messen – also *in* dem Druck, der eine Wassersäule in einem Rohr diese Distanz hinaufschiebt. Eine „Atmosphäre" bedeutet ein Kilogramm Druck pro Quadratzentimeter (15 Pfund pro Quadratzoll) und entspricht etwa 10 Metern Wasserdruck oder, bequemer ausgedrückt, 1000 Zentimetern „Wasser". Angenommen, der Innendruck in meiner langsameren „Nr. 6" hätte fast 3 Zentimeter Wasser betragen (diesen Druck brauchte er, um seine Gasventile zu öffnen), dann wäre er 1/333 einer Atmosphäre entsprochen; und da eine Atmosphäre einem Druck von 1000 Gramm (1 Kilogramm) auf einem Quadratzentimeter entspricht, wäre der Innendruck meiner „Nr. 6" 1/333 von 1000 Gramm oder 3 Gramm gewesen. Daher wäre der Innendruck auf einem Quadratmeter (10.000 Quadratzentimeter) des Schaftkopfes des Ballons meiner „Nr. 6" 10.000 mal 3 oder 30.000 Gramm gewesen, *also* 30 Kilogramm (66 Pfund).

**„SANTOS-DUMONT Nr. 7"**

Wie wird dieser Innendruck aufrechterhalten, ohne dass er überschritten wird? Wenn der große äußere Ballon mit Wasserstoff gefüllt und dann an jedem seiner Ventile mit Wachs versiegelt würde, könnte die Hitze der Sonne den Wasserstoff ausdehnen, diesen Druck überschreiten und den Ballon platzen lassen; Oder sollte der versiegelte Ballon hoch steigen, könnte der abnehmende Druck der äußeren Atmosphäre dazu führen, dass sich sein Wasserstoff ausdehnt, mit dem gleichen Ergebnis. Die Gasventile des großen Ballons dürfen daher *nicht* verschlossen werden; und außerdem müssen sie immer sehr sorgfältig gefertigt sein, damit sie sich bei dem erforderlichen und berechneten Druck von selbst öffnen.

Dieser Druck (von 3 Zentimetern in der „Nr. 6") wird durch die Erwärmung der Sonne oder durch einen Höhenanstieg nur dann erreicht, wenn der Ballon vollständig mit Gas gefüllt ist: was man als Druck bezeichnen kann Der Arbeitsdruck – etwa ein Fünftel niedriger – wird von der Rotationsluftpumpe aufrechterhalten. Der Motor pumpt kontinuierlich Luft in den kleineren Innenballon. So viel Luft wie nötig ist, um die Steifigkeit des Außenballons aufrechtzuerhalten, verbleibt im Inneren des kleinen Innenballons, der Rest gelangt durch sein Luftventil, das bei etwas weniger Druck öffnet als die Gasventile, wieder in die Atmosphäre .

Kehren wir nun zum Ballon meiner „Nr. 6" zurück. Der *Innendruck* auf jeden Quadratmeter seines Stielkopfes beträgt kontinuierlich etwa 30 Kilogramm. Das Seidenmaterial, aus dem er besteht, muss normalerweise stark genug sein, um ihm standzuhalten. Dennoch lässt sich leicht erkennen, wie dieser Innendruck immer mehr entlastet wird, je mehr das Luftschiff in Bewegung kommt und seine Geschwindigkeit erhöht. Sein Schlag gegen die

Atmosphäre erzeugt einen Gegendruck *gegen die Außenseite* des Schaftkopfes. Bis zu 30 Kilogramm pro Quadratmeter führt daher jede Erhöhung der Geschwindigkeit des Luftschiffs tendenziell zu einer Verringerung der Belastung, sodass das Luftschiff umso weniger Gefahr läuft, seinen Kopf herauszuplatzen, je schneller es fliegt!

Wie schnell kann der Ballon von Motor und Propeller getragen werden, bevor sein vorderer Teil so hart auf die Atmosphäre auftrifft, dass der Innendruck mehr als neutralisiert wird? Auch das ist eine Frage der Berechnung; aber um den Leser zu schonen, werde ich mich damit begnügen, darauf hinzuweisen, dass meine Flüge über das Mittelmeer bewiesen, dass der Ballon meiner „Nr. 6" eine Geschwindigkeit von 36 bis 42 Kilometern (22 bis 27 Meilen) pro Stunde ohne die geringste Andeutung von Belastung aushalten konnte. Hätte ich gewollt, dass ein Luftschiff von den Ausmaßen der „Nr. 6" unter denselben Bedingungen doppelt so schnell fliegt, hätte sein Ballon stark genug sein müssen, um dem vierfachen Innendruck von 3 Zentimetern „Wasser" standzuhalten, da der Widerstand der Atmosphäre nicht proportional zur Geschwindigkeit, sondern proportional zum Quadrat der Geschwindigkeit wächst.

Der Ballon meiner „Nr. 7" hat natürlich nicht die exakt gleichen Proportionen wie der meiner „Nr. 6", aber ich möchte erwähnen, dass er getestet wurde und einem Innendruck von weit mehr als 12 Zentimetern „Wasser" standhält; tatsächlich öffnen sich seine Gasventile erst bei diesem Druck. Das bedeutet gerade mal das Vierfache des Innendrucks meiner „Nr. 6". Vergleicht man die beiden Ballons ganz allgemein, ist es daher offensichtlich, dass der Ballon meiner „Nr. 7" ohne Risiko durch äußeren Druck und mit positiver Entlastung durch den Innendruck an seinem Rumpf oder Kopf doppelt so schnell gefahren werden kann wie mein gemächliches mediterranes Tempo von 42 Kilometern (25 Meilen) pro Stunde oder 80 Kilometern (50 Meilen).

Dies führt uns zu der einzigartigen und paradoxen Schwäche des schnellen Luftschiffs. Bis zu dem Punkt, an dem der Außendruck dem Innendruck entspricht, haben wir gesehen, dass jede Geschwindigkeitssteigerung tatsächlich die Sicherheit des Ballonvorderteils garantiert. Leider gilt dies nicht für das Heck des Ballons. Auch dort herrscht ein ständiger Innendruck, aber die Geschwindigkeit kann ihn nicht verringern. Im Gegenteil, der *Sog* der Atmosphäre hinter dem Ballon nimmt mit zunehmender Geschwindigkeit ebenfalls fast im gleichen Verhältnis zu wie der Druck, der durch das Antreiben des Ballons gegen die Atmosphäre entsteht. Und dieser Sog wirkt nicht, um den Innendruck am Heck des Ballons zu neutralisieren, sondern *erhöht* die Belastung um genau das gleiche Maß, da der Zug zum Schub hinzukommt. So paradox es auch erscheinen mag, die Gefahr des schnellen Luftschiffs besteht darin, dass es eher sein Heck als seinen Kopf ausbläst. (Siehe Abb. 12.)

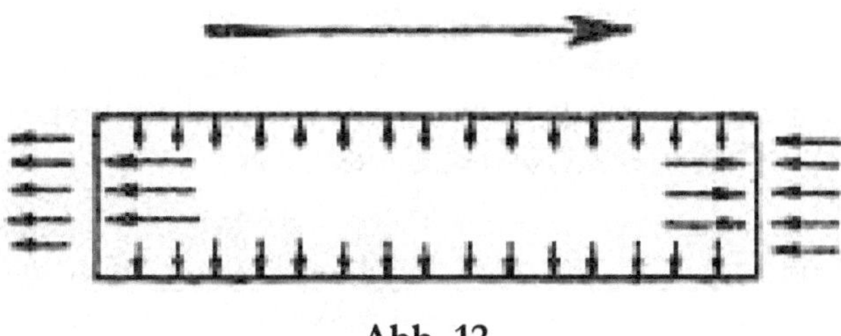

**Abb. 12**

Wie kann dieser Gefahr begegnet werden? Offensichtlich durch Verstärkung des hinteren Teils der Ballonhülle. Wir haben gesehen, dass sich die Belastung des Heckkopfes praktisch verdoppelt, wenn die Geschwindigkeit meiner „Nr. 7" gerade groß genug ist, um den Innendruck auf den Bugkopf vollständig zu neutralisieren. Aus diesem Grund habe ich an dieser Stelle das Ballonmaterial verdoppelt.

Ich habe Grund, mit dem Ballon meiner „Nr. 7" vorsichtig zu sein. In ihm wird das Geschwindigkeitsproblem definitiv angegangen. Er hat zwei Propeller mit einem Durchmesser von jeweils 5 Metern (16½ Fuß). Einer wird wie üblich vom Heck aus drücken, während der andere vom Bug aus zieht, wie bei meiner „Nr. 4". Sein 60-PS-Clement-Motor wird ihm, wenn meine Erwartungen erfüllt werden, eine Geschwindigkeit zwischen 70 und 80 Kilometern (40 und 50 Meilen) pro Stunde verleihen. Kurz gesagt, die Geschwindigkeit meiner „Nr. 7" wird uns der praktischen, alltäglichen Luftfahrt sehr nahe bringen, denn da wir selten einen Wind haben, der auch nur 50 Kilometer (30 Meilen) pro Stunde bläst, wird ein solches Luftschiff sicherlich in der Lage sein, mehr als zehn Monate lang täglich in den zwölf Monaten auszufliegen.

# KAPITEL XX
## Ein Unfall und seine Lehren

Um halb zwei Uhr nachmittags des 14. Februar 1902 verließ das zuverlässige Luftschiff, das den Deutsch-Preis gewann, den Flugplatz von La Condamine zu seiner letzten Reise.

Unmittelbar nach dem Verlassen des Flugplatzes begann es sich schlecht zu verhalten und stürzte stark ab. Das Ballonhaus war unvollständig aufgeblasen, daher fehlte ihm die Aufstiegskraft. Um meine richtige Höhe beizubehalten, habe ich die Diagonalausrichtung erhöht und den Propeller weiter nach oben gedrückt. Das Absinken war natürlich auf die Gegenkraft der Schwerkraft zurückzuführen.

In der schattigen Atmosphäre des Flugplatzes war die Luft vergleichsweise kühl gewesen. Der Ballon stand jetzt draußen im heißen, offenen Sonnenlicht. Infolgedessen verdünnte sich der Wasserstoff, der der Seidenhülle am nächsten lag, rasch. Da der Ballon den Flugplatz unvollständig aufgeblasen verlassen hatte, konnte der verdünnte Wasserstoff zum höchstmöglichen Punkt strömen – dem nach oben zeigenden Stiel. Das übertrieb die Absicht, die ich absichtlich geäußert hatte. Der Ballon zeigte immer höher. Tatsächlich schien es eine Zeit lang fast senkrecht zu zeigen.

Bevor ich Zeit hatte, dieses „Aufbäumen" meines Luftrosses zu korrigieren, begannen viele der Diagonaldrähte nachzugeben, da der schräge Druck auf sie ungewöhnlich war, und andere, darunter auch die des Ruders, verfingen sich im Propeller.

Würde ich den Propeller an der Takelage reiben lassen, würde die Ballonhülle im nächsten Moment zerreißen, das Gas würde in Massen den Ballon verlassen und ich würde mit Gewalt in die Wellen geschleudert werden.

Ich habe den Motor gestoppt. Ich befand mich nun in der Lage eines gewöhnlichen Kugelballonfahrers – den Winden ausgeliefert. Diese brachten mich ans Ufer, wo ich bald auf die Telegraphendrähte, Bäume und Häuserecken von Monte Carlo geworfen werden würde.

Es gab nur eines zu tun.

Durch Ziehen am Manöverventil ließ ich eine ausreichende Menge Wasserstoff ab und sank langsam an die Wasseroberfläche, in der das Luftschiff versank.

Ballon, Kiel und Motor wurden am nächsten Tag erfolgreich eingefischt und zur Reparatur nach Paris verschifft. Damit endeten meine maritimen Experimente abrupt; Aber so habe ich auch gelernt, dass ein richtig aufgeblasener Ballon, der mit den richtigen Ventilen ausgestattet ist, zwar nichts von einer Gasverdrängung zu befürchten hat, es aber am besten ist, auf der sicheren Seite zu sein und sich vor der Möglichkeit einer solchen Verdrängung zu schützen, wenn man sie vernachlässigt oder aus anderen Gründen darf der Ballon unvollständig aufgeblasen herauskommen.

Aus diesem Grund ist der Ballon in allen meinen nachfolgenden Luftschiffen durch vertikale, nicht lackierte Seidenwände in viele Abteilungen unterteilt. Da die Trennwände unlackiert bleiben, kann das Wasserstoffgas langsam durch ihre Maschen von einem Fach zum anderen gelangen, um überall einen gleichen Druck sicherzustellen. Aber da es sich dennoch um Trennwände handelt, sind sie immer bereit, einen plötzlichen Gasaustritt in Richtung eines der beiden Enden des Ballons zu verhindern.

Tatsächlich muss der Experimentator mit Lenkballons ständig auf der Hut sein vor kleinen Fehlern und Vernachlässigungen seiner Hilfsmittel. Ich habe vier Männer, die nun schon seit vier Jahren bei mir sind. Sie sind auf ihre Art Experten, und ich habe vollstes Vertrauen in sie. Und doch ist Folgendes passiert: Das Luftschiff durfte den Flugplatz mit unzureichender Füllung verlassen. Stellen Sie sich also vor, welche Gefahr ein Experimentator mit einer Gruppe unerfahrener Untergebener bergen könnte.

Trotz ihrer großen Einfachheit erfordern meine Luftschiffe eine ständige Überwachung einiger wichtiger Punkte:

Ist der Ballon richtig gefüllt?

Besteht die Möglichkeit eines Lecks?

Ist die Takelage in gutem Zustand?

Ist der Motor in Ordnung?

Funktionieren die Steuerungsschnüre für Ruder, Motor, Wasserballast und das sich bewegende Führungsseil reibungslos?

Ist der Ballast richtig gewogen?

Betrachtet man das Luftschiff als bloße Maschine, bedarf es nicht mehr Pflege als ein Automobil, aber unter dem Gesichtspunkt der Konsequenzen ist das Bedürfnis einer zuverlässigen und intelligenten Überwachung einfach unerlässlich. Noch heute sind auf allen Autobahnen Frankreichs tausend Autos *en panne unterwegs*, und ihre begeisterten Fahrer kriechen im Staub unter ihnen hindurch, mit Ölkanne und Schraubenschlüssel in der Hand, und reparieren momentane Unfälle. Aus diesem Grund halten sie nicht weniger von ihrem Auto. Doch selbst wenn das Luftschiff denselben unbedeutenden Unfall erleiden sollte, wird wahrscheinlich die ganze Welt davon erfahren.

In den ersten Jahren meiner Experimente bestand ich darauf, alles selbst zu machen. Ich habe meine Ballons und Motoren mit meinen eigenen Händen

„gepflegt". Meine jetzigen Helfer verstehen meine jetzigen Luftschiffe und in neun von zehn Fällen übergeben sie sie mir in gutem Zustand für die Reise. Würde ich jedoch Experimente mit einem neuen Typ beginnen, müsste ich sie alle neu trainieren und mich in dieser Zeit wieder mit meinen eigenen Händen um die Luftschiffe kümmern.

Bei dieser Gelegenheit verließ das Luftschiff den Flugplatz unzureichend gewogen und aufgeblasen, was nicht so sehr an der Nachlässigkeit meiner Leute lag, sondern vielmehr an der ungünstigen Lage des Flugplatzes. Trotz aller Sorgfalt bei der Planung und Konstruktion gab es aufgrund der Lage des Flugplatzes keinen Platz im Freien, um das Luftschiff in die Luft zu schicken und festzustellen, ob sein Ballast richtig verteilt war. Hätte man dies tun können, hätte man die ungünstige Aufblasung des Ballons rechtzeitig bemerkt.

Wenn ich auf meine vielfältigen Erlebnisse zurückblicke, stelle ich mit Erstaunen fest, dass eine meiner größten Gefahren am Ende meines erfolgreichsten Fluges über das Mittelmeer sogar von mir selbst unbemerkt blieb.

**"MEINE GEGENWARTIGEN HILFEN VERSTEHEN MEINE GEGENWARTIGEN LUFTSCHIFFE" MOTOR VON "Nr. 6"**

In diesem Moment versuchte der Prinz, mein Führungsseil zu ergreifen und wurde auf den Boden seiner Dampfchaloupe geschleudert . Ich war in die Bucht eingefahren, nachdem ich die Küste entlang nach Hause geflogen war, und sie schleppten mich zum Flugplatz. Das Luftschiff war sehr nahe an die Wasseroberfläche gesunken, und sie zogen es mit Hilfe des Führungsseils noch tiefer, bis es nur noch wenige Meter über dem Schornstein der Dampfchaloupe war – und dieser Schornstein spuckte glühende Funken.

Jeder dieser glühenden Funken hätte beim Aufsteigen ein Loch in meinen Ballon brennen, den Wasserstoff entzünden und den Ballon und mich in Atome zersprengen können.

---

# KAPITEL XXI
## DIE ERSTE LUFTSCHIFFSTATION DER WELT

Abgesehen von den eigentlichen Schwierigkeiten des Problems haben die Luftschiff-Experimentatoren einen besonderen Nachteil. Dieser ist darauf zurückzuführen, dass Reisen in der dritten Dimension völlig neuartig sind, und besteht in der Langsamkeit, mit der unser Verstand die Notwendigkeit erkennt, die diagonalen Auf- und Abstiege der Luftschiffe vom Boden aus und wieder zurück zu ermöglichen.

Als der Pariser Aéro Club sein Gelände in St. Cloud anlegte, geschah dies nur mit der Absicht, das vertikale Aufsteigen von Kugelballons zu erleichtern. Tatsächlich wurden nicht einmal Vorkehrungen für die Landung von Kugelballons getroffen, denn ihre Kapitäne dachten nie daran, sie anders als in ihren Kisten verpackt per Bahn zum Ballonpark in St. Cloud zurückbringen zu können. Der Kugelballon landet dort, wo der Wind ihn hinträgt.

Als ich mein erstes Luftschiffhaus auf dem Gelände des Clubs in St. Cloud baute, wage ich zu behaupten, dass die damals neuartigen Vorteile, die ein eigenes Gaswerk, eine eigene Werkstatt und ein Unterstand mit unbegrenzter Unterbringung der aufgeblasenen Luftschiffe mit sich brachten, meine Aufmerksamkeit von diesem anderen, fast lebenswichtigen Problem der Umgebung abhielten. Es war für mich schon ein großer Fortschritt, den Ballon nicht am Ende jeder Reise leeren und seinen Wasserstoff verschwenden zu müssen. Daher war ich damit zufrieden, einfach ein Luftschiffhaus mit großen Schiebetüren zu bauen, ohne auch nur Vorkehrungen zu treffen, um einen ebenen, offenen Raum davor und, noch weniger, auf beiden Seiten zu gewährleisten. Als nach und nach hier und da rechts von meinen offenen Türen und dahinter Gräben von etwa einem Meter Tiefe auftauchten – vage Fundamentumrisse für Konstruktionen, die nie fertiggestellt wurden –, wurde mir klar, dass meine Hilfsmittel Gefahr liefen, in sie hineinzufallen, wenn ich rannte, um mein Führungsseil zu fangen, wenn ich von einer Reise zurückkehren sollte. Und als das gigantische Skelett von M. Henry Deutschs Luftschiffhaus, das das von ihm nach dem Vorbild meiner „Nr. 6" gebaute und „La Ville de Paris" genannte Luftschiff beherbergen sollte, direkt vor meinen Schiebetüren aufragte, kaum zwei Luftschifflängen von ihnen entfernt, dämmerte mir endlich, dass hier eine gewisse Gefahr bestand und mehr als nur eine einfache Unannehmlichkeit aufgrund der natürlichen Überfüllung auf dem Gelände eines Clubs. Trotz der neuen Gefahr wurde der Deutsch-Preis gewonnen. Auf dem Rückweg vom Eiffelturm flog ich hoch über dem Skelett vorbei. Ich kann hier jedoch sagen, dass die Fundamentgräben unschuldig die schmerzhafte Kontroverse über meine Zeit verursacht haben, auf die ich in diesem Kapitel kurz angespielt habe. Da ich sah, dass sie sich leicht die Beine brechen könnten, wenn sie in diese Fundamentgräben stolperten, hatte ich meinen Männern ausdrücklich verboten, über diesen Raum zu rennen, um mein Führungsseil mit in die Luft erhobenen Augen und Armen zu fangen. Da meine Männer nicht im Traum daran dachten, dass ein solcher Punkt angesprochen werden könnte, befolgten sie die Anweisung. Als sie bemerkten, dass ich Ruder, Motor und Propeller vollkommen unter Kontrolle hatte und in der Lage war, zu wenden und zu der Stelle zurückzukehren, wo die Richter standen, ließen sie mich über ihre Köpfe hinwegfliegen, ohne zu versuchen, das Führungsseil zu greifen und daran entlangzulaufen, was ihnen – auf die Gefahr hin, ihre Beine zu verlieren – leicht möglich gewesen wäre.

Wiederum haben wir in Monaco, nachdem ein gut geplantes Luftschiffhaus an einem scheinbar idealen Ort errichtet worden war, gesehen, welche Gefahren dennoch von der Ufermauer, dem Boulevard de la Condamine mit seinen Stangen, Drähten, bedroht waren. und Verkehr und die letztendliche Katastrophe, die ausschließlich auf das Fehlen eines Wiegeplatzes neben dem Flugplatz zurückzuführen war. Dies sind Gefahren und Unannehmlichkeiten, vor denen wir durch tatsächliche und oft schreckliche Erfahrungen rechtzeitig auf der Hut sind.

**„SANTOS-DUMONT Nr. 5"**
**zeigt, wie das Gelände des AËRO-Clubs zerschnitten wurde**

Im Frühjahr und Sommer 1902 unternahm ich Reisen nach England und in die Vereinigten Staaten, von denen ich später noch etwas erzählen werde. Als ich von diesen Reisen nach Paris zurückkehrte, machte ich mich sofort daran, den Standort eines Flugplatzes auszuwählen, der ganz mir gehören und auf dem ich die mit so viel Aufwand gewonnenen Erfahrungen nutzen wollte. Diesmal beschloss ich, dass mein Luftschiffhaus einen großzügigen Platz um sich herum haben sollte. Und da mir das in gewisser Weise gelang, verwirklichte ich – wenn ich das so sagen darf – die erste der Luftschiffstationen der Zukunft.

Nach langer Suche stieß ich auf ein ziemlich großes, unbebautes Grundstück, das von einer hohen Steinmauer umgeben war und sich innerhalb des Polizeibezirks des Bois de Boulogne, aber auf Privatgrundstück befand, in der Rue de Longchamps in Neuilly St. James. Zuerst musste ich mich mit seinem Besitzer einigen; Dann musste ich mich mit den Behörden von Bois einigen, die sich Zeit nahmen, eine Baugenehmigung für ein so ungewöhnliches Bauwerk wie ein Haus zu erteilen, von dem aus Luftschiffe starten und landen würden.

Die Rue de Longchamps ist eine schmale Vorstadtstraße, die an diesem Ende wenig bebaut ist und am Bagatelle-Tor zum Bois de Boulogne führt, neben dem gleichnamigen Trainingsgelände. Mit meinen Luftschiffen von dieser Seite aus zu kommen und zu kommen, ist jedoch wegen der Mauern der verschiedenen Grundstücke, der Bäume, die das Bois so dicht säumen, und der großen Parktore unbequem. Rechts und links von meinem kleinen Grundstück befinden sich weitere Gebäude. Hinter mir, auf der anderen Seite des Boulevard de la Seine, liegt der Fluss selbst, mit der Ile de Puteaux darin. Von dieser Seite muss ich mit meinen Luftschiffen kommen und kommen. Von meinem eigenen offenen Gelände aus steige ich schräg in die Luft, überquere meine Mauer, den Boulevard de la Seine, und drehe mich weit über dem Fluss um. Regelmäßig wende ich mich nach links und gehe in einem großen Bogen über das Trainingsgelände, das selbst ein ziemlich offener Raum ist, zum Bois.

# ERSTE LUFTSCHIFFSTATIONEN DER WELT (NEUILLY ST JAMES)

Dort steht sie auf ihrem Gelände, die erste Luftschiffstation der Zukunft, die sieben aufgeblasene und sofort einsatzbereite Luftschiffe aufnehmen kann! Aber trotz all der Bedürfnisse, die ich hier zu erfüllen versuchte, ist sie doch ein kleiner und beengter Ort im Vergleich zu den großen, hochorganisierten Stationen, die die Zukunft für sich schaffen muss, mit ihren hoch gelegenen und geräumigen Landeplätzen, zu denen die Luftschiffe völlig sicher und bequem landen werden, wie große Vögel, die auf flachen Felsen Nester suchen! Solche Stationen können kleine Wagenspuren haben, die von ihrem Inneren zu den weiten Landeplätzen führen. Die Wagen, die über sie fahren, werden die Luftschiffe an ihren Führungsseilen hinein- und hinausziehen, ohne Zeitverlust oder die Hilfe eines Dutzends oder mehr Männer. Ihre Beobachtungstürme werden als Zeitmessstationen für Luftrennen dienen; ausgerüstet mit drahtlosen Telegrafengeräten können sie möglicherweise mit entfernten Zielen und vielleicht sogar mit den Luftschiffen in Bewegung kommunizieren. An ihre Luftschiffstationen werden Gaserzeugungsanlagen angeschlossen sein. Es könnte eine Kasemattenwerkstatt zum Testen von Motoren geben. Es wird sicherlich Schlafräume für Experimentatoren geben, die früh aufbrechen und die Ruhe der Morgendämmerung nutzen möchten. Es ist sehr wahrscheinlich, dass es auch Werkstätten für Ballonhüllen für Reparaturen und Änderungen, eine Tischlerei und eine Maschinenwerkstatt mit intelligenten und erfahrenen Arbeitern geben wird, die bereit und in der Lage sind, eine Idee aufzugreifen und umzusetzen.

Meine jetzige Luftschiffstation soll einem großen, rot-weiß gestreiften, quadratischen Zelt ähneln, das inmitten eines freien Grundstücks steht, das von einer hohen Steinmauer umgeben ist. Ihr zeltartiges Aussehen verdankt sie der Tatsache, dass ich, da ich es eilig hatte, es zu nutzen, keinen Grund sah, die Wände oder das Dach aus Holz zu bauen. Das Gerüst besteht aus langen Reihen paralleler Holzsäulen. Über ihre Oberseiten ist ein Segeltuchdach gespannt, und die vier Seiten bestehen aus demselben gestreiften Segeltuch. Dadurch ist die Konstruktion stabiler, als sie auf den ersten Blick erscheint, denn das äußere Zeltmaterial wiegt etwa 2600 Kilogramm (5720 Pfund) und wird zwischen den Säulen durch Metallseile gehalten.

Im Inneren sind die zentralen Stände 9,5 Meter (31 Fuß) breit, 50 Meter (165 Fuß) lang und 13,5 Meter (44,5 Fuß) hoch und bieten Platz für die größten Luftschiffe, ohne dass diese miteinander in Berührung kommen. Die großen Schiebetüren sind lediglich eine Wiederholung derer von Monaco.

Als ich im Frühjahr 1903 feststellte, dass meine Luftschiffstation fertiggestellt war, hatte ich drei neue Luftschiffe bereit, darin untergebracht zu werden. Sie waren:

"Nr. 7"

Meine "Nr. 7". Das nenne ich mein Rennluftschiff. Es ist für wichtige Wettbewerbe konzipiert und reserviert, wobei die reinen Kosten für das Befüllen mit Wasserstoff mehr als 3000 Francs (120 £) betragen. Es stimmt, dass es, einmal gefüllt, einen Monat lang aufgeblasen bleiben kann, und zwar zu Kosten von 50 Francs (2 £) pro Tag für Wasserstoff, um den Verlust durch das tägliche Spiel von Kondensation und Ausdehnung auszugleichen. Mit einer Gaskapazität von 1257 Kubikmetern (fast 45.000 Kubikfuß) besitzt es die doppelte Hubkraft meiner "Nr. 6", mit der der Deutsch-Preis gewonnen wurde; und das erforderliche Gewicht seines 60 PS starken, wassergekühlten Vierzylindermotors und seiner proportional starken Maschinerie ist so groß, dass ich wahrscheinlich nicht mehr Ballast mitnehmen werde als mit der "Nr. 6". Vergleicht man ihre Größen und Hubkräfte, so würde es fünf von

Meine "Nr. 9", das neuartige kleine "Runabout", das ich im nächsten Kapitel beschreiben werde. Das dritte der neuen Luftschiffe ist

Meine "Nr. 10", die "Omnibus" genannt wurde. Mit einem Gasvolumen von 2010 Kubikmetern (fast 80.000 Kubikfuß) ist ihr Ballon in Größe und Tragkraft sogar größer als der Rennballon "Nr. 7"; und sollte ich tatsächlich irgendwann den Wunsch haben, den Kiel des letzteren zu übernehmen, der mit dem Rennmotor und der Rennmaschinerie ausgestattet ist, könnte ich ein sehr schnelles Flugzeug kombinieren, das mich, mehrere Hilfsmittel und einen großen Vorrat an Petroleum und Ballast tragen kann — von

Kriegsmunition ganz zu schweigen, falls plötzlich Bedarf aufgrund eines Krieges besteht.

→

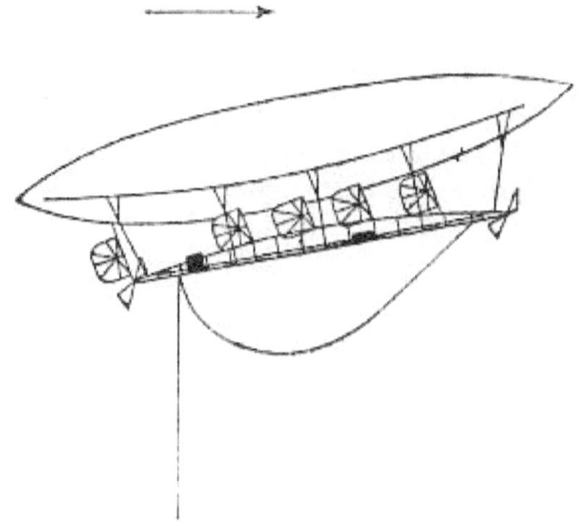

**Abb. 13.—"Nr. 10" steigt**

Der Hauptzweck meiner „Nr. 10" wird jedoch bereits im Namen deutlich: „Der Omnibus". Sein Kiel, oder vielmehr die Kiele, wie ich sie gestaltet habe, sind doppelt, das heißt, unter dem üblichen Kiel, in dem sich mein Korb befindet, hängt ein Passagierkiel, der drei ähnliche Körbe und einen kleineren Korb fasst für meine Hilfe. Jeder Passagierkorb ist groß genug für vier Passagiere. Und um solche Passagiere zu befördern, wurde der „Omnibus" gebaut.

**„Nr. 10"**
**OHNE PASSAGIERKIEL**

Tatsächlich schien es mir nach reiflicher Überlegung, dass dies der praktischste und schnellste Weg sein muss, die Luftnavigation populär zu machen. In meinen anderen Luftschiffen habe ich gezeigt, dass es möglich ist, auf einem vorgeschriebenen Kurs aufzusteigen und durch die Luft zu fliegen, ohne größere Gefahren als die, die man in einem Rennauto riskiert. In „The Omnibus" werde ich der Welt zeigen, dass es sehr viele Männer – und Frauen – gibt, die genug Vertrauen in die Idee der Luft haben, um mit mir als Passagiere in den ersten Luftomnibus der Zukunft zu steigen.

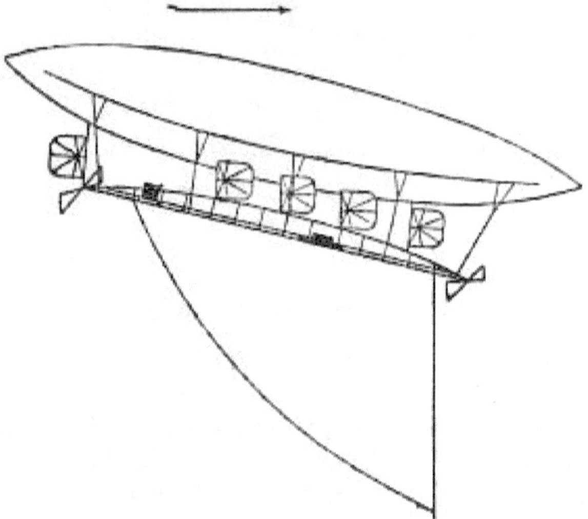

**Abb. 14. – „Nr. 10" absteigend**

# KAPITEL XXII
## MEIN „NR. 9", DER KLEINE FLIEGER

Früher war ich von leistungsstarken Benzinautos begeistert: Sie konnten mit Schnellzuggeschwindigkeit jeden Teil Europas erreichen und in jedem Dorf Treibstoff finden. „Ich kann nach Moskau oder Lissabon fahren!", sagte ich mir. Aber als ich feststellte, dass ich weder nach Moskau noch nach Lissabon wollte, erwies sich der kleine und handliche Elektroflitzer, mit dem ich meine Besorgungen in Paris und im Bois erledige, als zufriedenstellender.

Vom Standpunkt meines Vergnügens und meiner Bequemlichkeit als Pariser betrachtet, war mein Luftschifferlebnis ähnlich. Als der Ballon und der Motor meiner 60 PS starken „Nr. 7" fertig waren, sagte ich mir:

**"SANTOS-DUMONT Nr. 9"**

„Ich kann gegen jedes Luftschiff antreten, das wahrscheinlich gebaut wird!" Aber als ich feststellte, dass trotz der Verluste, die ich in die Kasse des Aéro Clubs eingezahlt hatte, niemand bereit war, mit mir Rennen zu fahren, beschloss ich, nur zu meinem Vergnügen und meiner Bequemlichkeit ein kleines Luftschiff-Flitzer zu bauen. Damit verbrachte ich die Zeit, während ich darauf warte, dass die Zukunft Wettbewerbe hervorbringen würde, die meiner Rennkunst würdig wären.

Also baute ich meine „Nr. 9", das kleinstmögliche Luftschiff, aber dennoch sehr praktisch. Wie ursprünglich konstruiert, betrug das Fassungsvermögen des Ballons nur 220 Kubikmeter (7770 Kubikfuß), sodass ich weniger als 30 Kilogramm (66 Pfund) Ballast aufnehmen konnte – und so konnte ich ihn wochenlang ohne Unannehmlichkeiten steuern. Selbst als ich den Ballon auf 261 Kubikmeter (9218 Kubikfuß) vergrößerte, hätte der Ballon meiner „Nr.

6", mit dem ich den Deutsch-Preis gewann, fast drei davon geschafft, während der meines „Omnibus" voll ist achtmal so groß. Wie ich bereits sagte, wiegt sein 3 PS starker Clement-Motor nur 12 Kilogramm (26½" lbs.). Mit einem solchen Motor kann man keine große Geschwindigkeit erwarten, dennoch bringt mich dieser handliche kleine Flitzer mit 20 bis 25 über den Bois Kilometer pro Stunde (12 und 15 Meilen) pro Stunde, und das trotz seiner eiförmigen Form (Abb. 15), die scheinbar nicht dazu geeignet ist, die Luft zu schneiden, damit es sofort auf das Ruder reagiert, fahre ich es dick zuerst enden.

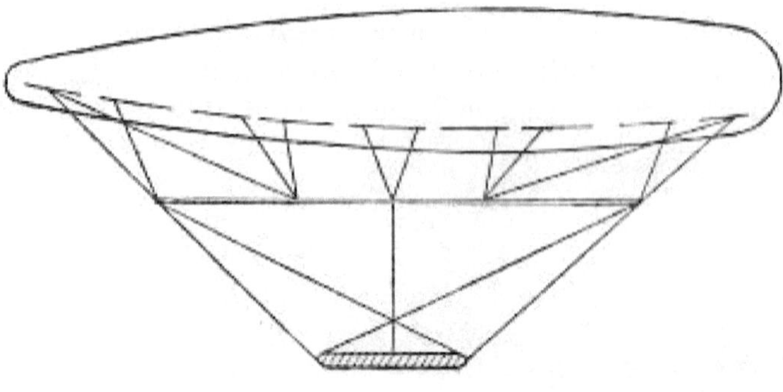

**Abb. 15**

Ich habe gesagt, dass der Ballon dieses kleinsten Luftschiffs in seiner ursprünglichen Größe mir erlaubte, weniger als 30 Kilogramm (66 Pfund) Ballast aufzunehmen. In vergrößerter Form ist seine Tragkraft größer; aber wenn man mein eigenes Gewicht und das Gewicht von Kiel, Motor, Schraube und Maschinerie berücksichtigt, wird das gesamte System weder leichter noch schwerer als die umgebende Atmosphäre, wenn ich es mit 60 Kilogramm (132 Pfund) Ballast beladen habe; und gerade in diesem Zusammenhang wird es am einfachsten zu erklären sein, warum ich dieses kleine Luftschiff als sehr praktisch bezeichnet habe. Am Montag, dem 29. Juni 1903, landete ich damit auf dem Gelände des Aéro Clubs in St. Cloud inmitten von sechs aufgeblasenen Kugelballons. Nach einem kurzen Zwischenstopp machte ich mich wieder auf den Weg.

„Können wir Ihnen nicht etwas Benzin geben?" fragten meine Clubkameraden höflich.

**"Nr. 9." Relative Größe anzeigen**

„Du hast mich den ganzen Weg von Neuilly kommen sehen", antwortete ich; „Habe ich Ballast weggeworfen?"

„Sie haben keinen Ballast rausgeschmissen", gaben sie zu.

„Warum sollte ich dann Benzin brauchen?"

Aus wissenschaftlicher Neugier kann ich sagen, dass ich an diesem ganzen Nachmittag weder einen Kubikfuß Benzin noch ein einziges Pfund Ballast verloren oder geopfert habe – und diese Erfahrung war auch in der sehr praktischen kleinen „Nr. 9" überhaupt nicht außergewöhnlich. oder sogar in seinen Vorgängern. Man wird sich daran erinnern, dass mein Chefmechaniker am Tag nach dem Gewinn des Deutsch-Preises feststellte, dass der Ballon meiner „Nr. 6" kein Benzin aufnehmen würde, weil keins verloren gegangen war.

Nachdem ich meine Clubkameraden an diesem Nachmittag in St. Cloud verlassen hatte, machte ich eine typisch praktische Reise. Um von Neuilly St. James zum Gelände des Aéro Clubs zu gelangen, hatte ich die Seine bereits passiert. Als ich sie nun erneut überquerte, erreichte ich das Café-Restaurant „The Cascade", wo ich für Erfrischungen Halt machte. Es war inzwischen 17 UHR. Da ich noch nicht zu meiner Station zurückkehren wollte, überquerte ich die Seine ein drittes Mal und fuhr auf geradem Weg so nah an der großen Festung des Mont Valerien vorbei, wie es meine Vorliebe erlaubte. Auf dem Rückweg überquerte ich den Fluss noch einmal und landete auf meinem eigenen Gelände in Neuilly.

Während der gesamten Reise betrug meine größte Höhe 105 Meter (346 Fuß). Wenn man bedenkt, dass mein Führungsseil 40 Meter (132 Fuß) unter mir hängt und die Wipfel der Bois-Bäume etwa 20 Meter (70 Fuß) über den Boden ragen, blieben mir aufgrund dieser extremen Höhe nur 40 Meter (140 Fuß). Freiraum für vertikales Manövrieren.

Es war genug; Und der Beweis dafür ist, dass ich auf diesen vergnüglichen und experimentierfreudigen Reisen nicht höher komme. Tatsächlich bin ich voller Erstaunen, wenn ich von Luftschiffen höre, die 400 Meter (1300 Fuß) in die Luft fliegen, ohne dass es dafür einen besonderen Grund gibt. Wie ich bereits erläutert habe, befindet sich der Standort des Luftschiffs normalerweise in geringer Höhe; und das Ideal besteht darin, das Seil auf einem ausreichend niedrigen Kurs zu führen, um vertikales Manövrieren zu verhindern. Darauf bezog sich M. Armengaud, *Jeune* , in seiner gelehrten Antrittsrede vor der Société Française de Navigation Aérienne im Jahr 1901, als er mir riet, das Mittelmeer zu verlassen und mich mit dem Seil über große Ebenen wie die von La Beauce zu begeben.

**„Nr. 9" SPRINGT MEINE WAND**

Es ist nicht notwendig, in die Ebene von La Beauce zu gehen. Man kann sogar im Zentrum von Paris Seil führen, wenn man es im richtigen Moment tut. Ich habe es getan.

Ich bin mit einem Führungsseil um den Arc de Triomphe herum und die Avenue des Champs Elysées hinunter geflogen, so niedrig wie die Dächer auf beiden Seiten, ohne dass ich etwas Schlimmes befürchtete oder Schwierigkeiten hatte. Mein erster Flug dieser Art fand statt, als ich am Dienstag, dem 23. Juni 1903, zum ersten Mal versuchte, mit meiner „Nr. 9" vor meiner eigenen Haustür an der Ecke Avenue des Champs Elysées und Rue Washington zu landen.

Da ich wusste, dass das Kunststück zu einer Stunde vollbracht werden musste, zu der die imposante Vergnügungspromenade von Paris am wenigsten belastet sein würde, hatte ich meine Männer angewiesen, den ersten Teil der Nacht in der Luftschiffstation in Neuilly St. James durchzuschlafen, um zu schlafen in der Lage, die „Nr. 9" für einen frühen Start im Morgengrauen bereitzuhalten. Ich selbst stand um 2 UHR MORGENS AUF und kam mit meinem handlichen Elektroauto noch im Dunkeln am Bahnhof an. Die Männer schliefen noch. Ich kletterte auf die Mauer, weckte sie und schaffte es noch vor Tagesanbruch, die Erde auf meinem ersten schrägen Aufwärtskurs über die Mauer und über die Seine zu verlassen. Ich wandte mich nach links und überquerte das Bois, wobei ich mir die offenen Stellen aussuchte, um so weit wie möglich ein Seil zu führen.

Als ich an Bäume kam, sprang ich darüber. Während ich durch die kühle Luft der köstlichen Morgendämmerung navigierte, erreichte ich die Porte Dauphine und den Beginn der breiten Avenue du Bois de Boulogne, die direkt zum Arc de Triomphe führt. Diese Kutschenpromenade von Tout-Paris war leer.

„Ich werde die Allee des Bois mit einem Seil hinaufführen", sagte ich mir fröhlich.

Was das bedeutet, werden Sie verstehen, wenn ich mir vorstelle, dass die Länge meines Führungsseils kaum 40 Meter (132 Fuß) beträgt und dass man ein Führungsseil am besten führt, wenn es mindestens 20 Meter (66 Fuß) über den Boden läuft. So ging ich zeitweise tiefer als die Dächer der Häuser auf beiden Seiten. Ich nenne das praktische Luftschiffnavigation, weil:

( *a* ) Es gibt dem Flugnavigator die Freiheit, seinen Kurs zu steuern, ohne zu nicken und ohne sich darum zu kümmern oder sich Mühe zu geben, seine konstante Höhe beizubehalten.

( *b* ) Dies kann mit absoluter Sturzsicherheit durchgeführt werden, nicht nur für den Navigator, sondern auch für das Luftschiff – eine Überlegung, die nicht ohne Wert ist, wenn man die Kosten sowohl für Reparaturen als auch für Wasserstoffgas berücksichtigt; Und

( *c* ) Wenn der Wind gegen einen weht – wie es dieses Mal der Fall war –, findet man in diesen niedrigen Höhen weniger davon.

## „Nr. 9." FÜHRUNGSSEIL AUF EINER HÖHE MIT DEN DACHDECKEN

Also habe ich mich mit einem Führungsseil die Avenue of the Bois hinaufgeführt. So werden eines Tages Forscher mit einem Führungsseil von ihrem im Eis eingeschlossenen Dampfschiff zum Nordpol gelangen, nachdem es seinen nördlichsten Punkt erreicht hat. Mit Führungsseilen über das Packeis werden sie die wenigen hundert Meilen zum Pol mit einer Geschwindigkeit von 60 bis 80 Kilometern (40 bis 50 Meilen) pro Stunde zurücklegen. Selbst bei einer Geschwindigkeit von 50 Kilometern (30 Meilen) könnte die Reise zum Pol und zurück zum Schiff zwischen Frühstück und Abendessen stattfinden. Ich sage nicht, dass sie beim ersten Mal am Pol landen werden, aber sie werden die Stelle umrunden, Beobachtungen machen und ... zum Abendessen zurückkehren.

Hätte ich mich für würdig gehalten, wäre ich vielleicht mit einem Seil unter dem Arc de Triomphe hindurchgeklettert. Stattdessen habe ich das Nationaldenkmal nach rechts abgerundet, wie es das Gesetz vorschreibt. Natürlich hatte ich vorgehabt, geradeaus die Avenue des Champs Elysées entlang zu gehen, aber hier stieß ich auf ein Problem. Vom Luftschiff aus sehen alle Alleen, die sich am großen „Stern" treffen, gleich aus. Außerdem sehen sie schmal aus. Ich war für einen Moment überrascht und verwirrt, und erst als ich zurückblickte und mir die Lage des Arc vor Augen führte, konnte ich meinen Weg finden.

Wie das des Bois war es verlassen. Weit unten sah ich ein einzelnes Taxi. Während ich mit dem Seil zu meinem Haus an der Ecke der Rue Washington fuhr, dachte ich an die Zeit, die ganz sicher kommen würde, in der die Besitzer handlicher kleiner Luftschiffe nicht gezwungen sein werden, auf der

Straße zu landen, sondern ihr Glück haben werden Führungsseile, die von ihren Dienern auf ihren eigenen Dachgärten gefangen wurden. Solche Dachgärten müssen jedoch weitläufig und frei sein.

So erreichte ich meine Ecke, richtete meinen Bug dorthin und ließ mich sehr sanft herab. Zwei Diener fingen, stützten und hielten das Luftschiff, während ich in mein Zimmer stieg, um eine Tasse Kaffee zu trinken. Von meinem runden Erkerfenster in der Ecke sah ich auf das Luftschiff hinunter. Wenn ich die städtische Genehmigung erhalten würde, wäre es nicht schwierig, von diesem Fenster aus einen dekorativen Landungssteg zu bauen.

**"Nr. 9." M. SANTOS-DUMONT LANDET VOR SEINER EIGENEN TÜR**

Projekte wie diese werden eine Arbeit für die Zukunft sein. Mittlerweile macht die Luftbildidee Fortschritte. Ein kleiner siebenjähriger Junge ist mit mir in die „Nr. 9" gestiegen, und eine charmante junge Dame hat sie tatsächlich etwa eine Meile allein bewältigt. Der Junge wird sicherlich ein Luftschiffkapitän werden, wenn er sich nur darauf einlässt. Der Anlass war das Kinderfest *in* Bagatelle am 26. Juni 1903. Als ich in der „Nr. 9" zwischen ihnen hinabstieg, fragte ich:

„Möchte irgendein kleiner Junge nach oben?"

Das Selbstvertrauen und der Mut des jungen Frankreichs und Amerikas waren so groß, dass ich mich sofort unter einem Dutzend Freiwilliger entscheiden musste. Ich habe den nächstgelegenen genommen.

„Hast du keine Angst?" Ich fragte Clarkson Potter, als das Luftschiff aufstieg.

„Kein bisschen", antwortete er. Der Flug der „Nr. 9" bei dieser Gelegenheit war natürlich nur von kurzer Dauer; aber der andere Flug, bei dem die erste

Frau, ob mit oder ohne Begleitung, in ein Luftschiff stieg, tatsächlich allein aufstieg und die „Nr. 9" frei von menschlichem Kontakt mit ihrem Führungsseil über eine Distanz von deutlich über einem Kilometer (einer halben Meile) steuerte, ist es wert, in die Annalen der Luftfahrt aufgenommen zu werden.

Die Heldin, eine wunderschöne junge Kubanerin, die in der New Yorker Gesellschaft wohlbekannt war und meine Station mit ihren Freunden schon mehrere Male besucht hatte, gestand einen außergewöhnlichen Wunsch, das Luftschiff zu steuern.

„Hätten Sie den Mut, sich in das freie Luftschiff mitnehmen zu lassen, dessen Führungsseil niemand festhält?", fragte ich. „Mademoiselle, ich danke Ihnen für Ihr Vertrauen."

„Oh nein", sagte sie; „Ich möchte nicht hochgehoben werden. Ich möchte alleine hinaufgehen und frei navigieren, so wie Sie es tun."

Ich denke, dass die einfache Tatsache, dass ich unter der Bedingung zustimmte, dass sie ein paar Lektionen im Umgang mit Motor und Maschinen nehmen würde, beredt für mein eigenes Vertrauen in die „Nr. 9" spricht. Sie hatte drei solcher Unterrichtsstunden, und dann, am 29. Juni 1903, einem Datum, das in den Fasti der Luftschiffballonfahrten unvergesslich sein wird, als sie mit dem kleinsten aller möglichen Luftschiffe von meinem Bahnhofsgelände aufstieg, rief sie: „Lasst alle los!"

Von meiner Station in Neuilly St. James segelte sie mit einem Führungsseil nach Bagatelle. Das etwa 10 Meter (30 Fuß) lange Führungsseil verlieh ihr eine Höhe und ein Gleichgewicht, die sich nie veränderten. Ich will nicht behaupten, dass niemand neben dem schleifenden Führungsseil herlief, aber sicherlich berührte es niemand bis zum Ende der Kreuzfahrt in Bagatelle, als der Moment gekommen war, die unerschrockene Navigatorin herunterzuziehen.

# KAPITEL XXIII
## DAS LUFTSCHIFF IM KRIEG

Am Samstagmorgen, dem 11. Juli 1903, gegen 10 UHR , als der Wind zu dieser Zeit in Böen wehte, nahm ich eine Wette an, mit meinem kleinen Luftschiff „Nr. 9" zum Mittagessen in das Waldrestaurant „The Cascade" zu fahren. Obwohl die „Nr. 9" mit ihrem eiförmigen Ballon und dem Motor mit nur 3 PS nicht für Geschwindigkeit gebaut war – oder, was dasselbe ist, für den Kampf mit dem Wind –, dachte ich, dass ich es schaffen könnte. Als ich gegen 11.30 UHR MEINE STATION IN NEUILLY ST. JAMES ERREICHTE , ließ ich das kleine Fluggerät herausholen und sorgfältig wiegen und ausbalancieren. Es war in perfektem Zustand und hatte seit dem Vortag nichts von seinem Treibstoff verloren. Um 11.50 Uhr startete ich. Glücklicherweise kam mir der Wind von vorne, als ich auf „The Cascade" zusteuerte. Ich kam nicht schnell voran, traf mich aber trotzdem um 12.30 Uhr mittags mit meinen Freunden auf dem Rasen des Café-Restaurants im Bois de Boulogne. Wir aßen zu Mittag, und ich bereitete mich gerade auf die Abreise vor, als ein Abenteuer begann, das mich weit bringen könnte.

Wie jeder weiß, liegt das Restaurant „The Cascade" in der Nähe von Longchamps. Während wir zu Mittag aßen, beobachteten Offiziere der französischen Armee, die damit beschäftigt waren, die Positionen der Truppen für die große Parade am 14. Juli zu markieren, das Luftschiff auf dem Rasen und kamen, um es zu inspizieren.

"Werden Sie damit zur Parade kommen?", fragten sie mich. Im Jahr zuvor war eine solche Demonstration in Anwesenheit der Armee zur Debatte gestanden, aber ich hatte aus leicht zu erratenden Gründen gezögert. Nach dem Besuch des Königs von England wurde ich von allen Seiten gefragt, warum ich das Luftschiff nicht zu seinen Ehren herausgebracht hätte, und dieselben Fragen waren im Hinblick auf den Besuch des Königs von Italien aufgekommen, der bei dieser Parade erwartet worden war.

Ich antwortete den Offizieren, dass ich mich nicht entscheiden könne; dass ich nicht sicher sei, wie eine solche Erscheinung aufgenommen würde; und dass meine kleine „Nr. 9" – das einzige Schiff meiner Flotte, das tatsächlich „im Einsatz" sei – nicht für den Kampf gegen starke Winde gebaut sei und ich daher nicht sicher sein könne, ob ich damit ein Gefecht bestreiten könne.

## „Nr. 9." ÜBER BOIS DE BOULOGNE

„Kommen Sie und suchen Sie sich einen Landeplatz aus", sagten sie. „Wir werden ihn Ihnen auf jeden Fall markieren." Und da ich weiterhin darauf beharrte, dass ich nicht sicher sei, ob ich dabei sein würde, suchten sie sehr höflich selbst einen Platz für mich aus und markierten ihn, gegenüber dem Platz, der vom Präsidenten der Republik eingenommen werden sollte, damit M. Loubet und sein Stab die Entwicklungen des Luftschiffs perfekt beobachten konnten.

„Sie werden kommen, wenn Sie können", sagten die Offiziere. „Sie brauchen keine Angst zu haben, eine so vorläufige Verpflichtung einzugehen, denn Sie haben Ihre Beweise bereits vorgelegt."

Ich hoffe, man wird mich nicht missverstehen, wenn ich sage, dass es möglich ist, dass diese Vorgesetzten an diesem Morgen gute Arbeit für ihre Armee und ihr Land geleistet haben – denn um anzufangen, muss man einen Anfang machen – und dass ich mich ohne eine Einladung kaum zu der Parade gewagt hätte.

Als ich mich in der Folge an die Rezension wagte, trat eine ganze Reihe von Ereignissen ein.

Am frühen Morgen des 14. Juli 1903, als die „Nr. 9" gewogen und ausbalanciert wurde, war ich nervös, dass ihr auf meinem Gelände etwas Unvorhergesehenes zustoßen könnte. Bei großen Anlässen ist man oft so, und ich versuchte nicht, mir zu verheimlichen, dass dies – die erste Präsentation eines Luftschiffs vor einer Armee – ein großer Anlass sein würde.

An gewöhnlichen Tagen zögere ich nie, von meinem Grundstück über die Steinmauer und den Fluss nach Bagatelle aufzusteigen. Heute Morgen ließ ich die „Nr. 9" mit ihrem Führungsseil an das Geländer von Bagatelle schleppen.

Um 8.30 UHR rief ich: „Alle loslassen!" Ich stieg auf, nahm meinen geraden Kurs in einer Höhe von weniger als 100 Metern (330 Fuß) wieder auf und kreiste und manövrierte nach wenigen Augenblicken über den Köpfen der Soldaten, die mir am nächsten waren. Von dort flog ich über Longchamps, und als ich gegenüber dem Präsidenten ankam, feuerte ich einen Salut aus 21 Platzpatronen ab.

Ich nahm nicht den für mich vorgesehenen Platz ein. Aus Angst, die Ordnung der Parade durch die Verlängerung eines ungewöhnlichen Anblicks zu stören, ließ ich meine Bewegungen in Gegenwart der Armee insgesamt weniger als zehn Minuten dauern. Danach steuerte ich auf das Polofeld zu, wo mir zahlreiche meiner Freunde gratulierten.

**„Nr. 9." BEI DER MILITÄRISCHEN PRÜFUNG, 14. JULI 1903**

Diese Glückwünsche fand ich am nächsten Tag in den Pariser Zeitungen wiederholt, zusammen mit Vermutungen aller Art über den Einsatz des Luftschiffs im Krieg. Die Vorgesetzten, die mich an diesem Morgen in die „Cascade" kamen, hatten gesagt: „Es ist praktisch und muss im Krieg berücksichtigt werden."

„Ich stehe ganz zu Ihren Diensten!" war damals meine Antwort gewesen; und nun, unter diesem Eindruck, setzte ich mich hin und schrieb an den Kriegsminister, in dem ich anbot, im Falle von Feindseligkeiten mit irgendeinem Land außer denen der beiden amerikanischen Kontinente der Regierung der Republik meine Luftflotte zur Verfügung zu stellen.

Dabei habe ich lediglich das Angebot in förmliche schriftliche Worte gefasst, zu dessen Unterbreitung ich mich im Falle eines späteren Ausbruchs solcher Feindseligkeiten während meines Aufenthalts in Frankreich sicherlich verpflichtet fühlen würde. In Frankreich habe ich all meine Ermutigung erfahren; in Frankreich und mit französischem Material habe ich alle meine Experimente gemacht; und die meisten meiner Freunde sind Franzosen. Ich habe die beiden Amerikas ausgenommen, weil ich Amerikaner bin, und ich habe hinzugefügt, dass ich mich im unmöglichen Fall eines Krieges zwischen Frankreich und Brasilien verpflichtet fühlen sollte, meine Dienste im Land meiner Geburt und Staatsbürgerschaft freiwillig zu leisten.

Einige Tage später erhielt ich den folgenden Brief vom französischen Kriegsminister:

REPUBLIQUE FRANÇAISE ,
PARIS , *19. Juli 1903* .

MINISTERE DE LA GUERRE ,
CABINET DU MINISTRE .

MONSIEUR , – Während des Rückblicks auf den 14. Juli hatte ich die Leichtigkeit und Sicherheit bemerkt und bewundert, mit der der Ballon, den Sie steuerten, seine Entwicklung vollzog. Es war unmöglich, die Fortschritte, die Sie der Luftnavigation erzielt haben, nicht zu würdigen. Es scheint, dass sich diese Navigation dank Ihnen künftig für praktische Anwendungen eignen muss, insbesondere aus militärischer Sicht.

Ich denke, dass es in dieser Hinsicht in Kriegszeiten sehr wichtige Dienste leisten kann. Daher nehme ich mit großer Freude Ihr Angebot an, im Bedarfsfall Ihre Luftflotte der Regierung der Republik zur Verfügung zu stellen, und in ihrem Namen danke ich Ihnen für Ihr gnädiges Angebot. was Ihre lebhafte Sympathie für Frankreich zeigt.

Ich habe den Chef des Bataillons Hirschauer, Kommandeur des Ballonfahrerbataillons im Ersten Pionierregiment, damit beauftragt, im Einvernehmen mit Ihnen die Maßnahmen zu prüfen, die zur Umsetzung der von Ihnen geäußerten Absichten zu treffen sind. Auch Oberstleutnant Bourdeaux, Sous-Chef meines Kabinetts, wird mit diesem Vorgesetzten verbunden sein, um mich persönlich über die Ergebnisse Ihrer gemeinsamen Arbeit auf dem Laufenden zu halten.

Recevez, Monsieur, die Versicherungen, die ich als besonders angesehen erachtete.

(Unterzeichnet) General Andre.

Ein Monsieur Alberto Santos-Dumont.

Am Freitag, dem 31. Juli 1903, verbrachten Kommandant Hirschauer und Oberstleutnant Bourdeaux den Nachmittag mit mir auf meiner Luftschiffstation in Neuilly St. James, wo ich meine drei neuesten Luftschiffe hatte – das Renn-Omnibus „Nr. 7". „Nr. 10" und der Flitzer „Nr. 9" – bereit für ihr Studium. Kurz gesagt, ich kann sagen, dass die von den Vertretern des Kriegsministers geäußerten Meinungen so uneingeschränkt positiv waren, dass beschlossen wurde, einen praktischen Test mit neuartigem Charakter durchzuführen. Sollte das ausgewählte Luftschiff es erfolgreich passieren, ist das Ergebnis ausschlaggebend für seinen militärischen Wert.

Da diese speziellen Experimente nun meine ausschließlich private Kontrolle verlassen, werde ich nicht mehr darüber sagen, als das, was bereits in der französischen Presse veröffentlicht wurde. Der Test wird wahrscheinlich aus einem Versuch bestehen, eine der französischen Grenzstädte wie Belfort oder Nancy am selben Tag zu erreichen, an dem das Luftschiff Paris verlässt. Es wird natürlich nicht notwendig sein, die gesamte Reise im Luftschiff zu machen. Ein Militärwaggon kann für den Transport des Luftschiffs bereitgestellt werden, mit seinem unaufgeblasenen Ballon, mit Wasserstoffschläuchen zum Füllen und mit allen notwendigen Maschinen und Instrumenten daneben. An einem Bahnhof in kurzer Entfernung von der zu erreichenden Stadt kann der Waggon vom Zug abgekoppelt werden, und eine ausreichende Anzahl Soldaten, die die Offiziere begleiten, werden das Luftschiff und seine Ausrüstung ausladen, das Ganze zum nächsten freien Platz transportieren und sofort mit dem Aufblasen des Ballons beginnen. Innerhalb von zwei Stunden nach Verlassen des Zuges kann das Luftschiff für seinen Flug ins Innere der technisch belagerten Stadt bereit sein.

So könnte die Aufgabe aussehen - eine Aufgabe, die den französischen Ballonfahrern durch die Ereignisse von 1870-71 vor große Herausforderungen gestellt wurde und die trotz aller Hingabe und Wissenschaft der Gebrüder Tissandier nicht zu bewältigen war. Heute kann man sich dieser Aufgabe mit größerer Erfolgsaussicht stellen. Alle wesentlichen Schwierigkeiten können durch die Markierung einer feindlichen Zone um die Stadt, die betreten werden muss, wieder aufleben; jenseits der äußeren Grenze dieser Zone wird das Luftschiff dann aufsteigen und seinen Flug beginnen - über sie hinweg.

Wird das Luftschiff in der Lage sein, sich außerhalb der Schussreichweite zu erheben? Ich war immer der Erste, der darauf bestand, dass der normale Standort des Luftschiffs in geringer Höhe liegt, und ich hätte dieses Buch sinnlos geschrieben, wenn ich dem Leser nicht die wirklichen Gefahren aufgezeigt hätte, die mit einem *abrupten* vertikalen Aufstieg in beträchtliche Höhen einhergehen . Dafür haben wir den schrecklichen Severo-Unfall vor Augen. Insbesondere habe ich meine Verwunderung zum Ausdruck gebracht, als ich von Experimentatoren hörte, die zu Beginn ihrer Erfahrungen mit Luftballons ohne entsprechende Absicht in diese Höhen aufstiegen. All dies unterscheidet sich jedoch stark von einem vernünftigen, vorsichtigen Vorgehen, dessen Notwendigkeit vorhergesehen und vorbereitet wurde.

Um außerhalb der Schussreichweite zu bleiben, wird das Luftschiff nur selten zu diesen enormen vertikalen Sprüngen gezwungen sein. Selbst in mäßiger Höhe genießt der Navigator einen sehr weiten Blick auf das umliegende Land. Dadurch wird er in der Lage sein, Gefahren aus der Ferne zu erkennen und entsprechende Vorsichtsmaßnahmen zu treffen. Selbst in meiner kleinen „Nr. 9", die nur 60 Kilogramm Ballast trägt, konnte ich, materiell unterstützt durch meine wechselnden Gewichte und den Propeller, in große Höhen aufsteigen. Wenn ich dies nicht getan habe, dann deshalb, weil es während einer Zeit der Vergnügungsschifffahrt keinen nützlichen Zweck erfüllt hätte, während es nur die Gefahr für Experimente erhöht hätte, von denen ich versucht habe, alle Gefahren auszuschließen. Gefahren wie diese sind nur dann hinzunehmen, wenn ein guter Grund sie rechtfertigt.

Die oben genannten Experimente sind natürlich von der Art, wie sie für die Kriegsführung zu Land interessant sind. Ich kann dieses Thema jedoch nicht verlassen, ohne auf einen einzigartigen maritimen Vorteil des Luftschiffs hinzuweisen. Dies ist die Fähigkeit seines Navigators, sich unter der Wasseroberfläche bewegende Körper wahrzunehmen. Wenn das Luftschiff am Ende seines Führungsseils kreuzt, wird es seinen Navigator nach Belieben hierhin und dorthin in der richtigen Höhe über den Wellen tragen. Jedes U-Boot, das heimlich seinen Kurs unter ihnen verfolgt, wird für ihn wunderbar sichtbar sein, während es vom Deck eines Kriegsschiffs aus völlig unsichtbar wäre. Dies ist eine gut beobachtete Tatsache und beruht auf bestimmten optischen Gesetzen. So muss das Luftschiff des 20. Jahrhunderts, sehr merkwürdig, von Anfang an zum großen Feind dieses anderen Wunders des 20. Jahrhunderts – des U-Boots – werden und nicht nur zu dessen Feind, sondern auch zu dessen Meister. Denn während das U-Boot dem Luftschiff keinen Schaden zufügen kann, kann letzteres, da es doppelt so schnell ist, herumfahren, um es zu finden, all seinen Bewegungen folgen und sie den Kriegsschiffen signalisieren, gegen die es sich bewegt. Tatsächlich könnte es möglich sein, das U-Boot zu zerstören, indem man lange, mit Dynamit gefüllte Pfeile auf es abschießt, die in Tiefen unter den Wellen vordringen können, die für die Beschießung vom Deck eines Kriegsschiffs aus unmöglich sind.

# KAPITEL XXIV
## PARIS ALS ZENTRUM DER LUFTSCHIFFEXPERIMENTE

Nachdem ich im Februar 1902 Monte Carlo verlassen hatte, erhielt ich viele Einladungen aus dem Ausland, meine Luftschiffe zu steuern. In London wurde ich insbesondere vom Aéro Club of Great Britain mit großer Freundlichkeit empfangen, unter dessen Schirmherrschaft meine „Nr. 6", die ich vom Grund der Bucht von Monaco gefischt, repariert und erneut aufgeblasen hatte, im Crystal Palace ausgestellt wurde.

Aus St. Louis, wo die Organisatoren der Louisiana Purchase Centennial Exposition bereits beschlossen hatten, Luftschiffflüge zu einem Bestandteil ihrer Weltausstellung 1904 zu machen, erhielt ich eine Einladung, das Gelände zu besichtigen, einen Kurs vorzuschlagen und mit ihnen über die Bedingungen zu beraten. Da offiziell bekannt gegeben wurde, dass ein Betrag von 200.000 Dollar für Preise bewilligt und bereitgestellt worden war, konnte man davon ausgehen, dass die Nachahmer unter den Luftschiff-Experimentatoren groß sein würden.

Als ich im Sommer 1902 in St. Louis ankam, sah ich sofort, dass die herrlichen Freiflächen des Ausstellungsgeländes die beste Rennstrecke boten. Die vorherrschende Idee einiger der Behörden bestand damals darin, eine lange Strecke von vielen hundert Meilen festzulegen – sagen wir, von St. Louis nach Chicago. Ich wies darauf hin, dass dies nicht praktikabel wäre, schon allein aus dem Grund, dass das Ausstellungspublikum die Flüge von Anfang bis Ende sehen wollte. Ich schlug vor, auf dem Gelände an den Ecken eines gleichseitigen Dreiecks drei große Türme oder Fahnenmasten zu errichten. Die verhältnismäßig kurze Strecke um sie herum – zwischen 10 und 20 Meilen – würde einen entscheidenden Test der Luftschiffbarkeit bieten, egal aus welcher Richtung der Wind wehen würde; während die erforderliche Durchschnittsgeschwindigkeit um 50 Prozent über der für den Deutsch-Preis-Wettbewerb in Paris festgelegten Geschwindigkeit liegen könnte.

Das war mein bescheidener Rat. Ich dachte auch, dass von den bereitgestellten 200.000 Dollar (1.000.000 Francs) ein Hauptpreis für Luftschiffe in Höhe von 100.000 Dollar ausgelobt werden sollte; Nur durch einen solchen Anreiz konnte, so schien es mir, der nötige Nachahmung unter Luftschiff-Experimentatoren geweckt werden.

Obwohl ich nie danach strebte, mit meinen Luftschiffen Profit zu machen, habe ich immer angeboten, um Preise zu konkurrieren. Während meines Aufenthalts in London und erneut in New York, sowohl vor als auch nach meinem St. Louis-Besuch, wurden mir Wettbewerbe mit Preisgeldern für den sofortigen Einsatz vorgeschlagen. Ich akzeptierte sie alle bis zu dem Punkt, dass ich meine Luftschiffe mit erheblichen Kosten und Mühen an den Ort bringen ließ, und wenn die Preisgelder eingezahlt worden wären, hätte ich mein Bestes getan, um sie zu gewinnen. Da diese Einzahlungen scheiterten, kehrte ich jeweils nach Hause in Paris zurück, um meine Experimente auf meine eigene Weise fortzusetzen und auf die große Konkurrenz von St. Louis zu warten.

Preis hin oder her, ich muss arbeiten, und ich werde immer in diesem von mir gewählten Bereich der Aerostation arbeiten. Dafür ist Paris mein Ort, wo die Öffentlichkeit, insbesondere die freundliche und enthusiastische Bevölkerung, mich kennt und mir vertraut. Hier in Paris gehe ich Tag für Tag zu meinem eigenen Vergnügen hinauf, als Belohnung für lange und kostspielige Experimente.

In England und Amerika ist das ganz anders. Wenn ich meine Luftschiffe und meine Angestellten in diese Länder bringe, mein eigenes Ballonhaus baue, meine eigene Gasanlage einrichte und riskiere, Maschinen kaputt zu machen, die mehr kosten als jedes Auto, dann möchte ich, dass dies mit einem klaren Ziel geschieht.

Ich sage, dass ich möchte, dass es mit einem festen Ziel geschieht, damit ich, wenn ich das Ziel erreiche, zumindest in diesem Punkt nicht mehr kritisiert werde. Andernfalls könnte ich zum Mond und zurück fliegen und dennoch in der Wertschätzung meiner Kritiker und – wenn auch vielleicht in geringerem Maße – in der Meinung der Öffentlichkeit, die sie beeinflussen, nichts erreichen.

Warum habe ich versucht, Preise zu gewinnen? Weil die vernünftigste Würdigung solcher Bemühungen und ihrer Erfüllung in einem ernsthaften Geldpreis liegt. Das Publikum stellt die offensichtliche Verbindung her. Wenn ein wertvoller Preis verliehen wird, kommt es zu dem Schluss, dass etwas getan wurde, um ihn zu gewinnen.

Auf den Gewinn solcher Preise habe ich also lange in London und New York gewartet. Da sie aber nie von Worten zu Taten übergingen, kehrte ich, nachdem ich sowohl gesellschaftlich als auch als Tourist sehr viel Spaß gehabt hatte, zu meiner Arbeit und meinem Vergnügen in das Paris zurück, das ich meine Heimat nenne.

Und tatsächlich gibt es letzten Endes keinen besseren Ort für Luftschiffexperimente als Paris. Nirgendwo sonst kann der Experimentator auf eine so großzügige Haltung der städtischen und staatlichen Behörden vertrauen.

Nehmen wir als Beispiel die Entwicklung des Automobilismus. Ich denke, es ist allgemein anerkannt, dass sich diese große und typisch französische Industrie ohne die Geschwindigkeitslizenz, die die französischen Behörden großzügigerweise gewährt haben, nicht hätte entwickeln können. Trotz der stärksten sozialen und industriellen Einflüsse und obwohl England an der Reihe war, dem James Gordon Bennett Cup-Rennen von 1903 Gastfreundschaft zu gewähren, war es den englischen Automobilisten nicht gestattet, ihre prächtigen Straßen auch nur einen einzigen Tag lang der öffentlichen Nutzung zu entziehen. Also musste das große Ereignis in Irland stattfinden.

In Frankreich, und nur in Frankreich, sind nicht nur die Behörden, sondern die große Masse der Bürger so sehr an der Entwicklung dieser nationalen Industrie beteiligt, dass sie Tag für Tag, Jahr für Jahr Zehntausende zulassen Autos, die mit wirklich gefährlicher Geschwindigkeit über die Landstraßen rasen. Insbesondere in Paris sieht man in seinem großen Park und seinen Alleen und Straßen einen „sengenden" Durchschnitt, der Londoner und Touristen aus New York in Entsetzen versetzt.

In diesem Sinne möchte ich hier feststellen, dass ich trotz der tragischen Luftschiffunglücke von 1902 bei der Durchführung meiner Experimente nie von den Pariser Behörden eingeschränkt oder in irgendeiner Weise behindert wurde; und was die Öffentlichkeit betrifft, so stoße ich, ganz gleich, wo ich mit einem Luftschiff lande – auf den Landstraßen der Vororte, in privaten Gärten oder sogar großen Villen, auf den Alleen und in den Parks und auf öffentlichen Plätzen der Hauptstadt – immer auf freundliche Hilfe, Schutz und Begeisterung.

Von diesem ersten denkwürdigen Tag, als die großen Jungs, die ihre Drachen über Bagatelle steigen ließen, mein Führungsseil packten und mich genauso schnell und intelligent vor einem hässlichen Sturz retteten, wie sie die Idee ergriffen hatten, mich gegen den Wind zu ziehen, bis zum kritischen Moment an diesem Sommertag 1901, als ich bei meinem ersten Versuch um den Deutsch-Preis hinabstieg, um mein Ruder zu reparieren, und gutmütige Arbeiter mir in kürzerer Zeit, als ich zum Schreiben der Worte brauchte, eine Leiter beschafften – und so weiter bis zum gegenwärtigen Augenblick , wenn ich in meiner kleinen „Nr. 9" mein Vergnügen im Bois genieße – ich habe von der intelligenten Pariser Bevölkerung nichts als gleichbleibende Freundlichkeit erfahren.

Ich brauche nicht zu sagen, dass es für einen Luftschiff-Experimentator eine große Sache ist, das Vertrauen und die freundliche Unterstützung einer ganzen Bevölkerung zu genießen. Über gewisse europäische Grenzen hinweg wurden sogar schon kugelförmige Ballons beschossen. Und ich habe mich oft gefragt, welchen Empfang eines meiner Luftschiffe in den ländlichen Gegenden Englands selbst finden würde.

Aus diesen und hundert anderen Gründen glaube ich, dass die Heimat meines Luftschiffs, wie auch meines eigenen, in Paris liegt. Als Junge in

Brasilien wandte sich mein Herz der Stadt des Lichts zu, über die 1783 der erste Montgolfier in die Luft geschickt worden war; wo der erste Aeronaut der Welt seinen ersten Flug unternommen hatte; wo der erste Wasserstoffballon losgelassen worden war; wo das erste Luftschiff gebaut worden war, das mit Dampfmaschine, Propeller und Ruder durch die Lüfte segeln konnte.

Als Jugendlicher habe ich von Paris aus meinen ersten Ballonflug selbst gemacht. In Paris habe ich Ballonkonstrukteure, Motorenbauer und Maschinisten kennengelernt, die nicht nur über Geschick, sondern auch über Geduld verfügten. In Paris habe ich alle meine ersten Experimente gemacht. In Paris habe ich den Deutsch-Preis für das erste Luftschiff gewonnen, das eine Aufgabe unter Zeitdruck erfüllte. Und jetzt, da ich nicht nur mein Rennluftschiff habe, sondern auch ein kleines „Runabout", mit dem ich über die Bäume des Bois hinwegfliegen kann, genieße ich in Paris meine Belohnung als – wie man mich einst vorwurfsvoll nannte – „Aerostat-Sportler"!

**"Nr. 9." VOM Fesselballon aus gesehen, 11. Juni 1903**

# ABSCHLIESSENDE FABEL MEHR
## DENKEN VON KINDERN

In diesen Jahren verbrachten Luis und Pedro, die genialen Jungen vom Land, die wir in der Einführungsfabel dieses Buches über mechanische Erfindungen nachdenken sahen, einige Zeit in Paris. Sie waren bei der Verleihung des Deutschen Preises für Luftnavigation dabei, verbrachten den Winter 1901/02 in Monte Carlo, bekamen gute Plätze bei der Ausstellung am 14. Juli 1903 und erweiterten ihre Bildung durch die eifrige Lektüre wissenschaftlicher Wochenzeitungen und Tageszeitungen. Jetzt bereiten sie sich auf ihre Rückkehr nach Brasilien vor.

Neulich saßen sie auf der Terrasse eines Cafés im Bois de Boulogne und unterhielten sich über die Probleme der Luftfahrt.

„Diese Versuche mit den sogenannten Lenkballons können uns der Lösung nicht näher bringen", sagte Pedro. „Sehen Sie, sie sind mit einer Substanz gefüllt – Wasserstoff –, die vierzehnmal leichter ist als das Medium, in dem sie schwebt – die Atmosphäre. Es wäre ebenso möglich, eine Talgkerze durch eine Ziegelwand zu zwingen!"

„Pedro", sagte Luis, „erinnerst du dich an deine Einwände gegen meine Wagenräder?"

....

„Zur Lokomotive?"

....

„Zum Dampfschiff?"

„Unsere einzige Hoffnung, uns in der Luft fortzubewegen", fuhr Pedro fort, „liegt naturgemäß in Geräten, die schwerer sind als Luft – in Flugmaschinen oder Flugzeugen. Denken Sie analog. Sehen Sie sich den Vogel an …"

„Einmal wolltest du, dass ich mir den Fisch ansehe", sagte Luis. „Sie sagten, das Dampfschiff solle sich durch das Wasser winden …"

„Sei ernst, Luis", sagte Pedro abschließend. „Üben Sie Ihren gesunden Menschenverstand. Fliegt der Mensch? Nein. Fliegt der Vogel? Ja. Wenn der Mensch dann fliegen würde, soll er den Vogel nachahmen. Die Natur hat den Vogel geschaffen. Die Natur geht nie schief."

# FUSSNOTEN

<sup>A</sup> Am frühen Morgen des 12. Mai 1902 startete M. Augusto Severo in Begleitung seines Mechanikers Sachet von Paris aus zu einem ersten Versuch mit der „Pax", der Erfindung und Konstruktion von M. Severo. Die „Pax" stieg sofort auf eine Höhe, die fast doppelt so hoch war wie der Eiffelturm, als sie aus nicht genau bekannten Gründen explodierte und mit ihren beiden Passagieren auf die Erde stürzte. Der Sturz dauerte acht Sekunden, und die glücklosen Experimentatoren wurden als zerbrochene und formlose Massen aufgehoben.

<sup>B</sup> „Durch *die Himmel* bis hierher ungesegelt", statt


„ *Por mares nunca d'antes navegados* " –
„Über *Meere*, die bis hierher nicht besegelt wurden."

<sup>C</sup> „Eine halbe Stunde nach der Rückkehr des Aeronauten wurde der Wind heftiger, es folgte ein schwerer Sturm und die See wurde sehr rau." (Pariser Ausgabe, *New York Herald*, 13. Februar 1902.)